“码”上好食光

凉拌菜
拌出来的清凉味

◆甘智荣◆◆ 主编

辽宁科学技术出版社
·沈阳·

图书在版编目（CIP）数据

凉拌菜 : 拌出来的清凉味 / 甘智荣主编. -- 沈阳 :
辽宁科学技术出版社, 2016.7
（“码”上好食光）
ISBN 978-7-5381-9490-6

Ⅰ. ①凉… Ⅱ. ①甘… Ⅲ. ①凉菜—菜谱 Ⅳ. ①
TS972.121

中国版本图书馆CIP数据核字(2015)第272582号

出版发行：辽宁科学技术出版社
（地址：沈阳市和平区十一纬路29号 邮编：110003）
印 刷 者：深圳市雅佳图印刷有限公司
经 销 者：各地新华书店
幅面尺寸：173mm×243mm
印 张：15
字 数：384千字
出版时间：2016年7月第1版
印刷时间：2016年7月第1次印刷
摄影摄像：深圳市金版文化发展股份有限公司
策 划：深圳市金版文化发展股份有限公司
责任编辑：王玉宝
封面设计：闵智玺
版式设计：伍 丽
责任校对：合 力

书 号：ISBN 978-7-5381-9490-6
定 价：29.80元

联系电话：024—23284360
邮购热线：024—23284502

目录
CONTENTS

第1章 拌出幸福滋味

第2章 就好重口味，酸辣鲜香惹人馋

第3章 西式沙拉，缤纷绚丽的『舶来品』

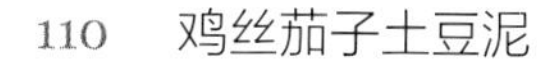

第4章 无肉不欢，吃一口就停不下嘴

第5章 汇聚鲜滋味，就是让你流口水

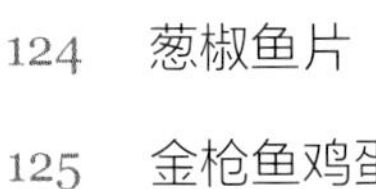
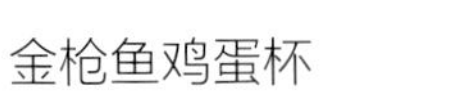

▶莲藕切锯齿片

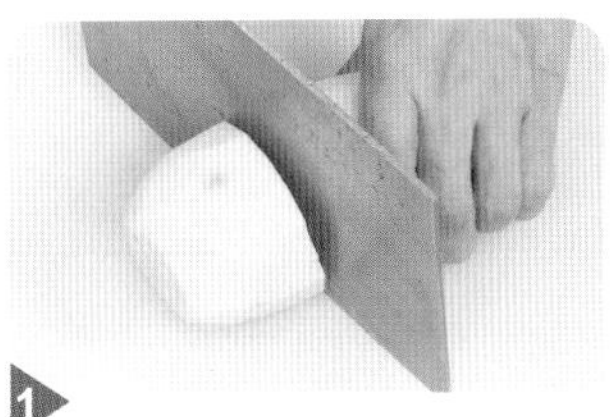

1 将去皮洗净的莲藕切去两端的部分，再切成合适的段状。

2 将切好的莲藕段竖放，从中间一分为二。

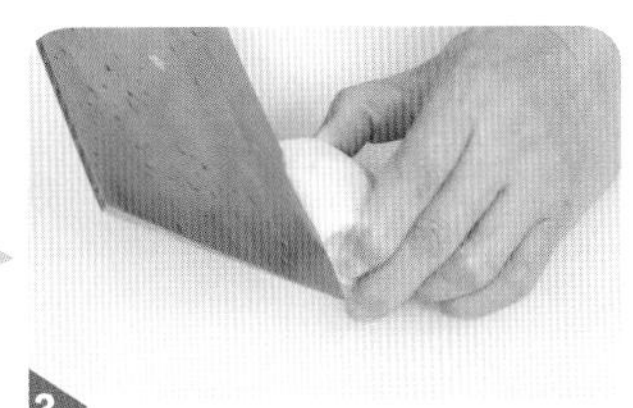

3 把莲藕平放，用刀在莲藕的边缘先切一条小口。

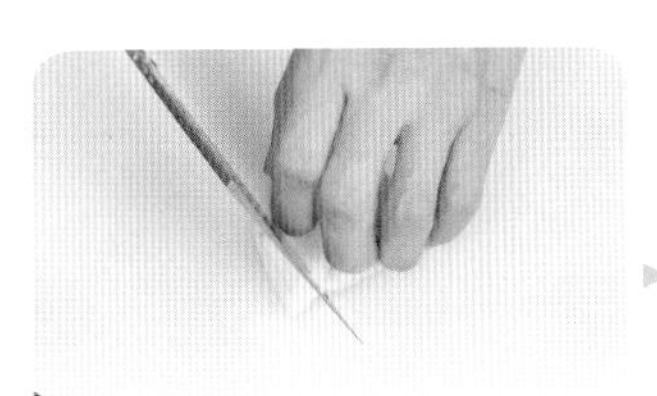

4 将刀反过来，再切一刀，使两个刀痕汇合，去除切出来的小条。

5 与第一道刀口间隔一定距离，用此方法再开几个切口，将莲藕切出锯齿状。

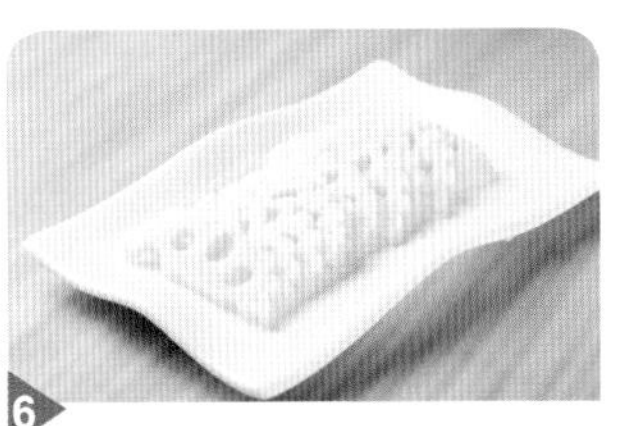

6 将锯齿状的莲藕段顶刀切片，依次切完，装盘即可。

▶香菇切花

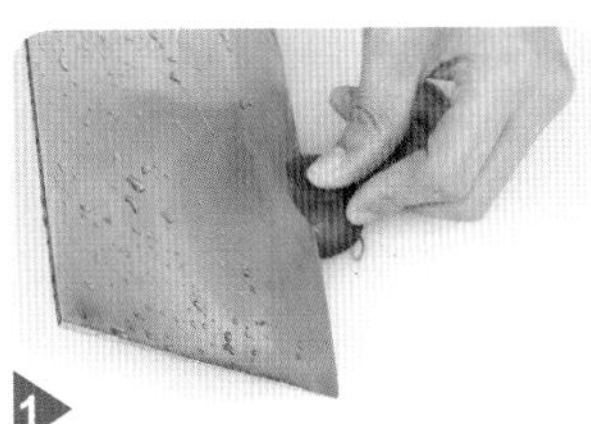

1 取洗净的香菇，在香菇顶上斜切一个小口。

2 在香菇的另一边再斜切一个相对的小口。

3 将切出的小块去除，使其形成“V”字刀口。

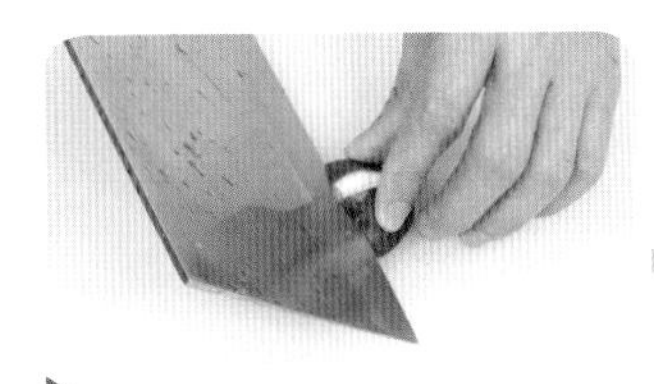

4 将香菇换一个方向，再斜切小口。

5 在相对的一边再斜切一个小口。

6 将切出来的小块去除，花就切好了。

凉拌菜的四季养生秘诀

《黄帝内经》有云："智者之养生也，必顺四时而适寒暑。"即明智的养生者，要懂得顺应四季的特点，适应气候的变化，从各方面调节自身的阴阳平衡。而凉拌菜食材的选择也需要"顺四时"，以达到养生保健的目的。

■ 春季

春季阳气初生，万物萌生，人的阳气也得以升发。饮食上，可以吃一些温补阳气的食物，如豆类、花生、蛋类、鱼类等。晚春气温偏高，应增加蔬菜的摄入量，减少肉类的食用，以补充维生素和去除体内火气。南方地区的春季雨量增多，空气潮湿，需要加强对脾胃的养护，可多吃大枣、山药、胡萝卜、莲子等食物，防止脾胃虚弱，还需多吃利湿的食物，如红豆、薏米、冬瓜等。

总体上，春季养生，宜选辛、甘温之品，饮食宜清淡可口，忌油腻、刺激性食物。

■ 夏季

凉拌菜的吃法越来越普遍，尤其是在炎热的季节，凉拌菜更能派上用场。炎热的夏季会令很多人的食欲下降，而凉拌菜往往会刺激食欲，有效地补充微量元素，使人精力充沛。那么，夏季适合选用哪些凉拌食材呢？

夏季应多吃有酸味的食物以固表，多吃有咸味的食物以补心。此外，芹菜、苦瓜和藕制作的各式凉拌菜都是消暑的佳品，但不可多吃。夏季也是各种病菌的活跃期，所以在制作凉拌菜时应适当加入一些可以杀菌的配料，如大蒜、韭菜、葱、洋葱等。

■ 秋季

秋季应有选择地食用凉菜，防止“内热”。可多食用银耳、芝麻、豆类、乳类等以养胃生津、滋阴润肺。

对于肠胃健康的人来说，尽管秋季天气变凉，但适当地喝些凉白开水，吃些凉性食物，可清凉降火。而脾胃虚弱的人，不宜食用寒凉的凉菜，也不宜过多食用热性的食物，这个时候，我们可以将热性的食物以凉菜的形式烹饪，去除食材中的温燥之性，健康进补。日常生活中凉性食物很多，这些食物制作成凉菜时，最好能搭配温性食物一起吃。

■ 冬季

冬季的凉拌菜，一般采用熟拌的方法，原料多为肉类。而此类的凉拌菜有补充热量和营养的作用。

冬季初始，应该补气。此时宜食用的是豆类、奶类、芝麻、木耳、红薯、花生等温热性食物。此外，选择食物还须防上火。

冬季末期，应该补肾。这个时节进补可以扶正固本、培养元气，但是进补也要因人而异。气虚的人应吃红薯、黄豆、花生、南瓜、山药等，忌食生冷性凉、破气耗气、油腻、辛辣的食物；而血虚的人可以食用各种肝脏，忌食凉性的食物。

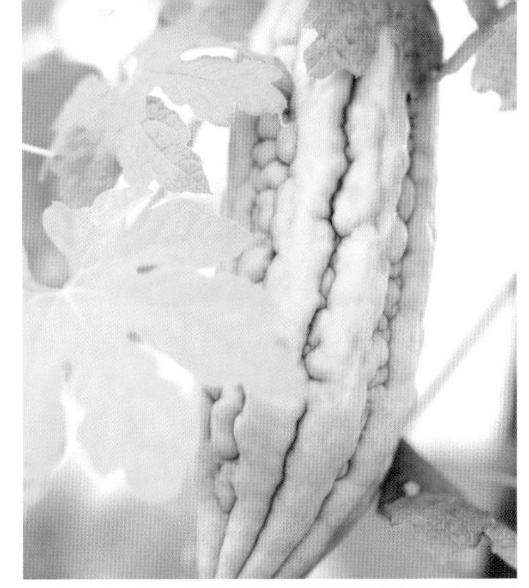

经典味汁的配制方法，为美味加分

“工欲善其事，必先利其器。”凉拌之所以好吃、好看，这与它的搭档味汁密不可分。可以说，味汁就是制作凉拌菜的一个“利器”。要想快速制作出开胃爽口的凉拌菜，就必须了解以下这些味汁。

■ 盐味汁

盐味汁以适量食盐、味精、香油加适量鲜汤调和而成，为白色咸鲜味。适用于拌食鸡肉、虾肉、蔬菜、豆类等，如盐味鸡脯、盐味虾、盐味蚕豆、盐味莴笋等。

■ 酱油汁

酱油汁以适量酱油、味精、香油、鲜汤调和制成，为红黑色咸鲜味。适用于拌食或蘸食肉类主料，如酱油鸡、酱油肉等。

■ 蚝油汁

蚝油汁用料为蚝油、食盐、香油，加鲜汤烧沸，为咖啡色咸鲜味。用以拌食荤料，如蚝油鸡、蚝油肉片等。

■ 韭味汁

韭味汁用料为腌韭菜花、味精、香油、食盐、鲜汤。制法是将腌韭菜花用刀剁成蓉，然后加调料鲜汤调和。成品为绿色咸鲜味。拌食荤素菜肴皆宜，如韭味里脊、韭味鸡丝、韭菜口条等。

■ 椒麻汁

椒麻汁用料为生花椒、生葱、食盐、香油、味精、鲜汤，忌用熟花椒。其制作方法是将花椒、生葱同制成细蓉，加调料调和均匀。成品为绿色咸香味。常用于拌食荤食，如椒麻鸡片、野鸡片、里脊片等。

■ 姜味汁

姜味汁用料为生姜、食盐、味精、油。制法是将生姜挤汁，与调料调和。成品为白色咸香味，最宜拌食禽类，如姜汁鸡块、姜汁鸡脯等。

■ 蒜泥汁

蒜泥汁用料为生蒜瓣、食盐、味精、麻油、鲜汤。制法是将蒜瓣捣烂成泥，加调料、鲜汤调和，为白色。拌食荤素皆宜，如蒜泥白肉、蒜泥豆角等。

■ 酱醋汁

酱醋汁用料为酱油、醋、香油。制法是将所有原料按个人口味以一定比例调和而成。成品为浅红色咸酸味，用于拌菜或炝菜，荤素皆宜，如炝腰片、炝胗肝等。

■ 豆豉汁

豆豉汁以适量豆豉、干葱、鲜红椒、姜末、蒜泥、蚝油、白糖、芝麻油、老抽等调和而成。还可依据个人口味习惯，加入一些黄酒。豆豉汁的用途很广泛，既可用于各种烹饪小炒中，又可用于各种凉拌菜中，比如凉拌黄瓜、凉拌菠菜、凉拌牛肉、凉拌小鱼干等。

凉拌菜的点睛之笔——调味油

葱油、辣椒油（红油）、花椒油，这几样调味油是做好凉菜的终极法宝，想知道在家怎么用它们做出最正宗的凉拌菜吗？下面就为你揭秘。

1 葱油

家里做菜，总有剩下的葱根、葱的老皮和葱叶，这些原来你丢进垃圾桶的东西，原来竟是大厨们的宝贝。把它们洗净了，记住一定要晾干水分，与食用油一起放进锅里，稍泡一会儿，再开最小火，让它们慢慢熬煮，不待油开就关掉火，放凉后捞去葱，余下的就是香喷喷的葱油了！葱油可以给原本无特殊味道的食材增加一种清香的味道，在做好的凉拌菜肴上桌时浇一些在上面，也会有很好的调味效果。

2 辣椒油

辣椒油俗称红油，由于其特殊的味道，现在已经不仅限于在辣味的川湘菜品中使用了，全国各地都有用红油代替普通食用油的新式做菜方法，而对于凉拌菜来说，辣椒油绝对是最佳的调味品之一。把干红椒切成更利辣味渗出的段状，装入小碗中，再立刻倒入烧热的食用油，将辣味逼出即可。此外，在制作辣椒油的时候放一些蒜，会得到味道更有层次感的红油。

3 花椒油

花椒油有很多种做法，家庭制法中最简单的是把锅烧热后下入花椒，炒出香味，然后倒进油，在油面出现青烟前就关火，用油的余温继续加热，这样炸出的花椒油不但香，而且花椒也不容易煳。

以上几种调味油可以根据自己的口味来调节用量。当然，调味油不是每道凉拌菜都要加，拌青菜时，只需加些葱油就足够。拌牛肉时可以加一些花椒油提升口感，拌苤蓝和豆芽时也可以加些花椒油。红油就是为喜欢吃辣菜的人准备的，不过有些特殊的拌菜放一些也可以调色和调味，如夫妻肺片、川味辣拌肚丝等。

五条小妙招，让沙拉变得更美味

制作沙拉看似简单，其实也有很多制作窍门，了解这些窍门，能帮助您更好制作出美味的沙拉。

妙招一

制作水果沙拉时，可在普通的蛋黄沙拉酱内加入适量的甜味鲜奶油，制出的沙拉奶香味浓郁，甜味加重。

妙招二

水果沙拉原料要选新鲜水果，水果切后装盘，摆放时间不宜过长，否则会影响其美观，也会使水果的营养流失。水果的种类和数量可随个人口味适度增减。

妙招三

如果嫌商场买回来的沙拉酱偏酸，可以加入一些炼乳，二者比例约为3：1，即3份沙拉酱加入1份炼乳。

妙招四

蔬菜沙拉用的咸沙拉酱在调制的过程中还要加入适量的芥末油、胡椒粉、食盐、味精等，水果沙拉用的甜沙拉酱则要在调制的过程中加入炼乳、黄油、糖、鲜柠檬汁和少许食盐。

妙招五

水果沙拉虽容易做，却有一些注意事项。首先，酸奶要选低脂的品种。高脂酸奶往往太稠，做出来的沙拉不好看，也与水果的清爽特点不符。其次，所选水果不能是那种切成丁会渗出很多汁水的水果，因为这会使酸奶稀释，以致酸奶裹不住水果丁。

凉拌菜
制作有讲究

凉拌菜凉爽可口，营养丰富，而且还能增进食欲，是餐桌上必不可少的一道美食。但是如果处理不当，营养丰富的美食也会危害健康，下面就介绍一些制作凉拌菜时的禁忌。

食材要新鲜

制作凉拌菜所用的食材，必须选用新鲜的，制作时也必须冲洗干净，最好用开水烫一下，也可用洗涤剂浸泡后冲净。此外，用熟食品做凉菜时，应重新加热蒸煮，适当加入蒜、醋、葱等做配料，不但味美可口，而且有一定的杀菌作用。

食材要洗净

有一些蔬菜如黄瓜、西红柿、绿豆芽、莴笋等，在生长过程中，易受农药、寄生虫和细菌的污染。如果不洗净，制成凉拌菜后有可能造成肠道传染病。一些肉类也会有寄生虫的困扰。清洗的最好方法是用流水冲洗。在拌制前可以先用冷水洗，再用开水烫一下，可杀死未洗尽的残余细菌和寄生虫卵，再加工成凉拌菜，比较卫生。

器具要洗净后再使用

做凉拌菜的刀、砧板、碗、盘、抹布等，在使用之前务必清洗干净，最好先用开水泡一泡，餐具最好能在开水中煮5分钟左右，也可用特制的消毒清洗剂来清洗。

不要久存凉拌菜

夏季，人们往往喜欢把凉拌菜放入冰箱中冷藏。其实，用冰箱来贮存凉拌菜是有时效的：熟肉为主的凉拌菜可以贮存12～24小时；海鲜为主的凉拌菜可贮存24～36小时；鲜菜为主的凉拌菜可以贮存6～12小时。室温下，熟肉类存放时间不能超过4小时，果蔬类不要超过2小时。拌好的菜最好一次性吃完，一般不宜隔夜存放。

第2章

就好重口味，酸辣鲜香惹人馋

饮食上偏爱“重口味”的人群，选择制作、食用凉拌菜可以说是最佳选择。在生活节奏日益加快的今天，在“惰性成灾”的家庭中，来一盘制作简便、酸辣鲜香的凉拌佳肴，不失为一种极好的选择。选择一种简单的饮食态度，选择重口味，就从本章出发吧。

酸辣肉片

62分钟　3人份

原料

猪瘦肉…270克
水发花生米…125克
青椒…25克
红椒…30克
桂皮…少许
丁香…少许
八角…少许
香叶…少许
沙姜…少许
草果…少许
姜块…少许
葱条…少许

调料

料酒…6毫升
生抽…12毫升
老抽…5毫升
食盐…3克
鸡粉…3克
陈醋…20毫升
芝麻油…8毫升
食用油…适量
卤水…少许

/做法/

1. 砂锅中注入适量清水烧热，倒入姜块、葱条。
2. 放入桂皮、丁香、八角、香叶、沙姜、草果。
3. 放入猪瘦肉，加入料酒、生抽、老抽、1克食盐、1克鸡粉。
4. 盖上盖，烧开后用小火煮约40分钟至熟，关火后揭开盖，捞出瘦肉，放凉待用。
5. 热锅注油，烧至三成热，倒入沥干水分的花生米，用小火浸炸约2分钟，捞出炸好的花生米，沥干油，待用。
6. 洗好的红椒切圈；洗净的青椒切圈；把放凉的瘦肉切厚片，待用。
7. 取一个小碗，倒入陈醋，注入少许卤水，加入2克食盐、2克鸡粉、芝麻油。
8. 倒入红椒圈、青椒圈，拌匀，腌渍约15分钟，制成味汁。
9. 将肉片装入碗中，摆放好，加入炸熟的花生米，淋上做好的味汁即可。

湘卤牛肉

8分钟　2人份

原料

卤牛肉100克，莴笋100克，红椒17克，蒜末、葱花各少许

调料

食盐3克，老卤水70毫升，鸡粉2克，陈醋7毫升，芝麻油、辣椒油、食用油各适量

/做法/

1. 将洗净的红椒去籽，切成粒；去皮洗净的莴笋切成片；卤牛肉切成片。
2. 锅中倒入清水烧开，加入食用油、1克食盐，倒入莴笋片，煮1分钟至熟，捞出，装盘。
3. 将牛肉片放在莴笋片上；碗中倒入蒜末、葱花、红椒粒，倒入老卤水。
4. 加入辣椒油、鸡粉、2克食盐、陈醋、芝麻油，用筷子拌匀，浇在牛肉片上即可。

新版夫妻肺片

20分钟　2人份

原料

熟牛肉80克，熟牛蹄筋150克，熟牛肚150克，青椒、红椒各15克，蒜末、葱花各少许

调料

生抽3毫升，陈醋、辣椒酱、老卤水、辣椒油、芝麻油各适量

/做法/

1. 把熟牛肉、熟牛蹄筋、熟牛肚放入煮沸的卤水锅中，小火煮15分钟，卤好后捞出食材。
2. 洗净的青椒、红椒均切成粒；熟牛蹄筋切成小块；牛肉切成片；牛肚切成片。
3. 取一个大碗，放入牛肉片、牛肚片、熟牛蹄筋块、青椒粒、红椒粒、蒜末、葱花。
4. 倒入陈醋、生抽，辣椒酱、老卤水、辣椒油、芝麻油，拌匀，盛出装盘即可。

米椒牛肚

10分钟　2人份

原料 牛肚200克，泡小米椒45克，蒜末、葱花各少许

调料 食盐4克，鸡粉4克，辣椒油4毫升，料酒10毫升，生抽8毫升，芝麻油2毫升，花椒油2毫升

/做法/

1. 锅中注水烧开，倒入切好的牛肚，放入料酒、生抽、2克食盐、2克鸡粉，拌匀。
2. 用小火煮至牛肚熟透，捞出煮好的牛肚，沥干水分。
3. 将牛肚装入碗中，加入泡小米椒、蒜末、葱花。
4. 放入2克食盐、2克鸡粉，淋入辣椒油、芝麻油、花椒油，拌匀至食材入味，将拌好的牛肚装入盘中即可。

麻酱牛肚

2分钟　2人份

原料 熟牛肚300克，红椒、青椒各10克，白芝麻15克，芝麻酱10克，蒜末、姜片、葱花各少许

调料 食盐、鸡粉各2克，白糖3克，生抽5毫升，辣椒油少许

/做法/

1. 洗净的红椒、青椒均去籽，切成细丝；将熟牛肚除去油脂，再切成细丝。
2. 取一小碗，放入食盐、白糖、鸡粉、生抽，倒入辣椒油，加入芝麻酱、蒜末、姜片、葱花，拌匀，调成味汁。
3. 取一大碗，倒入牛肚丝，放入青椒丝、红椒丝，拌匀。
4. 倒入味汁，撒上白芝麻，拌匀，将拌好的凉菜盛入盘中即可。

凉拌麻辣羊腰

8分钟　2人份

原料

羊腰子180克，红椒50克，辣椒粉15克，花椒粒15克，香菜、姜末、蒜末、葱花各少许

调料

生抽、陈醋各5毫升，料酒、芝麻油各4毫升，食盐2克，鸡粉2克，食用油适量

/做法/

1. 洗净的红椒去籽，切成丝；洗净的羊腰子去除筋膜，切成片。
2. 锅中注水烧开，倒入羊腰子，加入姜末、料酒，汆煮去血水，捞出羊腰子，装入凉开水中放凉，捞出装盘。
3. 热锅注油，倒入花椒粒、蒜末、葱花、辣椒粉、红椒丝，炒匀，淋入生抽、陈醋，炒匀，盛出盖在羊腰子上。
4. 再放入食盐、鸡粉、芝麻油，摆放上备好的香菜即可。

重庆口水鸡

9分钟　3人份

原料

熟鸡肉500克，冰块500克，蒜末、姜末、葱花各适量

调料

食盐、白糖、白醋、生抽、芝麻油、辣椒油、花椒油各适量

/做法/

1. 取一个大碗，倒入清水，倒入冰块，放入熟鸡肉，浸泡5分钟。
2. 锅中倒入辣椒油、花椒油，放入姜末、蒜末，煸香。
3. 加入葱花拌炒均匀，装入碗中，加入食盐、白糖、白醋、生抽，淋入芝麻油、辣椒油，拌匀，制成调味料。
4. 取出浸泡好的鸡肉，斩成块，装盘，浇入调味料即可。

怪味鸡丝

19分钟　　2人份

原料

鸡胸肉160克，绿豆芽55克，姜末、蒜末各少许

调料

芝麻酱5克，鸡粉2克，食盐2克，生抽5毫升，白糖3克，陈醋6毫升，辣椒油10毫升，花椒油7毫升

/做法/

1. 锅中注入清水，大火烧开，倒入鸡胸肉，烧开后煮约15分钟，捞出鸡胸肉，放凉，切成粗丝。
2. 锅中注入清水烧开，倒入洗好的绿豆芽，煮至断生，捞出，沥干水分，放入盘中。
3. 将鸡肉丝放在绿豆芽上，摆放好。
4. 取一个小碗，放入芝麻酱，加入鸡粉、食盐、生抽、白糖，倒入陈醋、辣椒油、花椒油、蒜末、姜末，搅拌均匀，调成味汁，浇在食材上即可。

香辣鸡丝豆腐

2分钟　2人份

原料

熟鸡肉…80克
豆腐…200克
油炸花生米…60克
朝天椒圈…15克
葱花…少许

调料

陈醋…5毫升
生抽…5毫升
白糖…3克
芝麻油…5毫升
辣椒油…5毫升
食盐…少许

/做法/

1. 熟鸡肉手撕成丝；备好的熟花生米拍碎；洗净的豆腐对半切开，再切成块。
2. 锅中注入适量的清水，大火烧开。
3. 加入食盐，搅匀，倒入豆腐块，汆煮片刻去除豆腥味。
4. 将豆腐捞出，沥干水分，摆入盘底成花瓣状，待用。
5. 将鸡丝堆放在豆腐上。
6. 取一个碗，倒入花生碎、朝天椒圈。
7. 加入生抽、白糖、陈醋、芝麻油、辣椒油，拌匀。
8. 倒入备好的葱花，搅拌均匀制成酱汁。
9. 将调好的酱汁浇在鸡丝豆腐上即可。

小提示：如果怕味道过辣，也可以将朝天椒换成青椒。

无骨泡椒凤爪

185分钟　　2人份

原料

鸡爪230克，朝天椒15克，泡小米椒50克，泡椒水300毫升，姜片、葱结各适量

调料

料酒3毫升

/做法/

1. 锅中注入清水烧开，倒入葱结、姜片，淋入料酒，放入洗净的鸡爪，拌匀，用中火煮至鸡爪肉皮胀发，捞出鸡爪，装盘。
2. 把放凉后的鸡爪割开，使其肉骨分离，剥取鸡爪肉，剁去爪尖，装入盘中。
3. 把泡小米椒、朝天椒放入泡椒水中，放入鸡爪，使其浸入水中，封上一层保鲜膜，静置约3小时，至其入味。
4. 撕开保鲜膜，用筷子将鸡爪夹入盘中，点缀上朝天椒与泡小米椒即可。

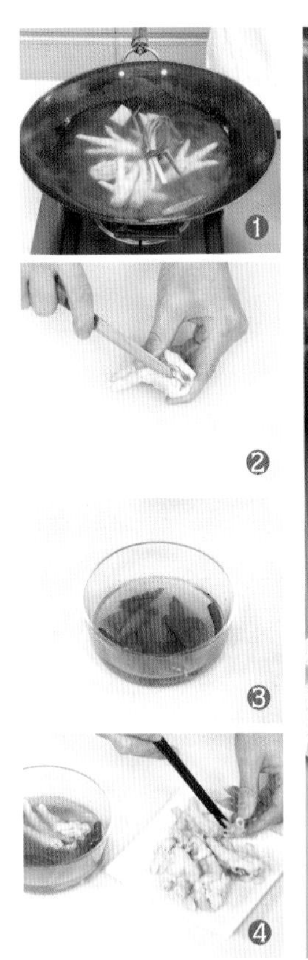

麻辣鸭血

5分钟　2人份

原料

鸭血300克，姜末、蒜末、葱花各少许

调料

食盐2克，鸡粉2克，生抽7毫升，陈醋8毫升，花椒油6毫升，辣椒油12毫升，芝麻油5毫升

/做法/

1. 洗好的鸭血切成小方块。
2. 锅中注入清水烧开，倒入鸭血块，拌匀，煮至其熟透，捞出鸭血，沥干水分，放入碗中。
3. 取一个小碗，放入食盐、鸡粉、生抽、陈醋、花椒油，拌匀，倒入姜末、蒜末、葱花。
4. 淋入辣椒油，拌匀，倒入芝麻油，调成味汁，浇在鸭血上即成。

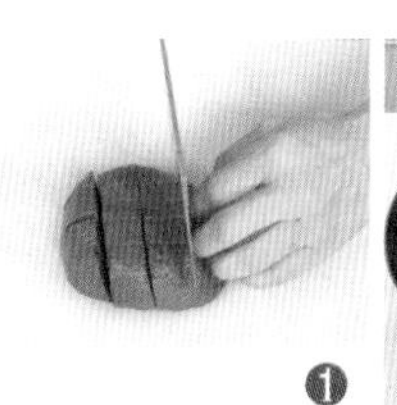

拌干明太鱼

2分钟　3人份

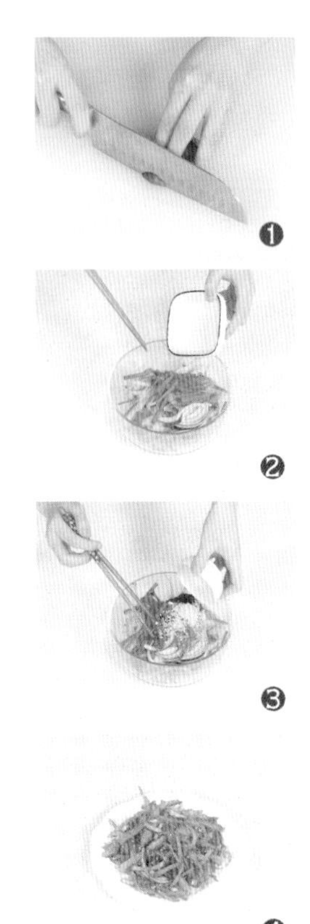

原料

明太鱼干300克，洋葱90克，胡萝卜丝50克，韩式辣椒酱40克，白芝麻30克，麦芽糖30克，蒜末少许

调料

白醋4毫升，芝麻油5毫升，食盐少许

/做法/

1. 洗净的洋葱切成丝；洗净的明太鱼干用手撕成粗条，再将明太鱼干的水分稍稍压干。
2. 明太鱼干装入碗中，放入洋葱丝、胡萝卜丝。
3. 再放入蒜末、韩式辣椒酱、麦芽糖、白芝麻，加入食盐，淋上白醋、芝麻油，搅拌匀。
4. 取一个盘子，将拌好的明太鱼干装入盘中即可。

蒜薹鱿鱼

5分钟 2人份

原料 鱿鱼肉200克，蒜薹120克，彩椒45克，蒜末少许

调料 豆瓣酱8克，食盐3克，鸡粉2克，生抽4毫升，料酒5毫升，辣椒油、芝麻油、食用油各适量

/做法/

1. 将洗净的蒜薹切小段；洗好的彩椒切粗丝；处理干净的鱿鱼肉切粗丝。
2. 鱿鱼加食盐、鸡粉、料酒腌渍入味。
3. 锅中注水烧开，放入食用油、蒜薹、彩椒丝，加入食盐，拌匀，焯煮至材料断生后捞出，沥干水分；沸水锅中再倒入鱿鱼丝，汆煮至断生后捞出。
4. 将蒜薹和彩椒丝倒入碗中，放入鱿鱼丝、食盐、鸡粉、豆瓣酱、蒜末、辣椒油、生抽、芝麻油，拌匀，装盘即成。

青椒鱿鱼

6分钟 2人份

原料 鱿鱼肉140克，青椒90克，红椒25克

调料 料酒4毫升，食盐2克，鸡粉1克，生抽3毫升，辣椒油5毫升，芝麻油4毫升，陈醋6毫升，花椒油3毫升

/做法/

1. 洗好的青椒、红椒均去籽，切粗丝；处理好的鱿鱼肉切粗丝。
2. 锅中注水烧开，放入料酒、鱿鱼丝，拌匀，煮至断生，捞出；沸水锅中倒入青椒丝、红椒丝，焯至断生，捞出。
3. 将鱿鱼肉倒入碗中，加入青椒丝、红椒丝、食盐、鸡粉、生抽、辣椒油、芝麻油、陈醋、花椒油，拌匀。
4. 取一个盘子，盛入拌好的菜肴即可。

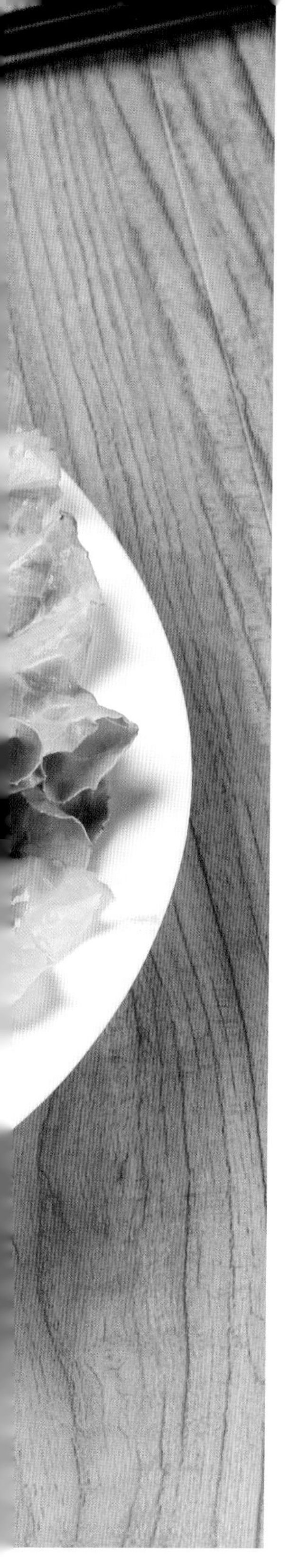

中华海蜇

3分钟　　2人份

原料

海蜇…200克
生菜叶…30克
剁椒酱…15克
熟芝麻…3克
蒜末…8克
香菜…2克

调料

食盐…2克
白糖…2克
生抽…3毫升
陈醋…3毫升
辣椒油…3毫升
芝麻油…3毫升

/做法/

1. 锅中注入适量清水，大火烧开，放入洗净的海蜇。
2. 汆烫20秒至断生，捞出汆烫好的海蜇，放入凉水中浸泡片刻以降温，待用。
3. 备好盘子，将洗净的生菜叶垫在盘底，放入已泡凉并沥干水分的海蜇，待用。
4. 取小碗，放入剁椒酱、蒜末、熟芝麻。
5. 加入生抽、食盐、白糖、陈醋、辣椒油、芝麻油，搅匀成调料汁。
6. 将调料汁淋在海蜇上，再放上洗净的香菜即可。

小提示：汆烫好的海蜇可放入冰水中浸泡片刻，使海蜇冷却降温，口感会更爽脆。

陈醋黄瓜蜇皮

24分钟　2人份

原料

海蜇皮…200克
黄瓜…200克
红椒…50克
青椒…40克
蒜末…少许

调料

陈醋…5毫升
芝麻油…5毫升
生抽…5毫升
食盐…2克
白糖…2克
辣椒油…5毫升

/做法/

1. 将洗净的黄瓜切成段；洗净的红椒、青椒均切开去籽，再切成粒。
2. 黄瓜装入碗中，放入食盐，腌渍20分钟。
3. 锅中注入适量的清水，大火烧开，倒入海蜇皮，汆煮片刻。
4. 将海蜇皮捞出，沥干水分待用。
5. 海蜇皮装入碗中，倒入红椒粒、青椒粒、蒜末，搅拌匀。
6. 加入白糖、生抽、陈醋、芝麻油、辣椒油，搅匀调味。
7. 将黄瓜倒入备好的凉开水中，洗去多余盐分。
8. 将黄瓜捞出，沥干水分，装入盘中待用。
9. 将拌好的海蜇皮倒在黄瓜上即可。

小提示： 如果想让黄瓜口感爽脆一些，则可以缩短黄瓜的腌渍时间，以免腌渍过长时间，黄瓜变软烂。

虾仁五彩大拉皮

20分钟　3人份

原料

去皮胡萝卜…75克
黄瓜…80克
水发木耳…50克
马铃薯淀粉…90克
虾仁…80克
大白菜…70克
紫甘蓝…40克
蒜末…少许

调料

食盐…7克
鸡粉…2克
白糖…2克
胡椒粉…2克
水淀粉…5毫升
料酒…5毫升
陈醋…5毫升
芝麻油…5毫升
辣椒油…5毫升
生抽…5毫升

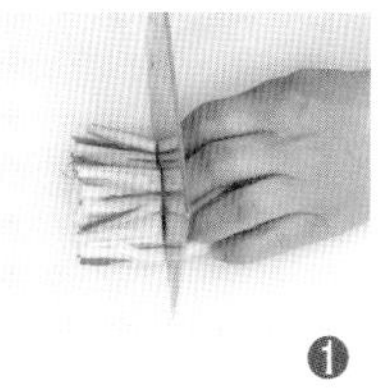

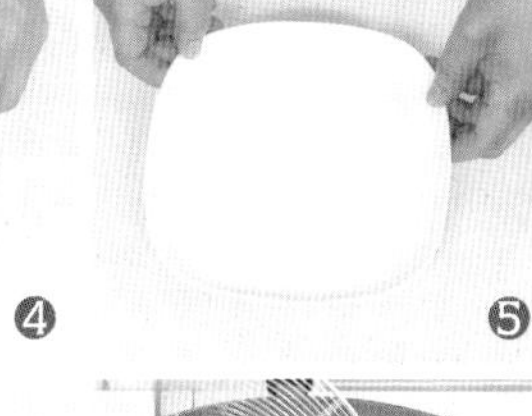

/做法/

1. 洗净的黄瓜、胡萝卜均切丝，再对半切成两段；洗净的大白菜切去绿叶，菜柄部分切丝，再对半切成两段。
2. 洗好的紫甘蓝切丝，再对半切成两段；泡好的木耳切碎。
3. 洗净的虾仁中放入1克食盐、1克鸡粉、胡椒粉、料酒、水淀粉拌匀，腌渍10分钟。
4. 碗中倒入马铃薯淀粉，放入5克食盐、清水，拌匀成浆液。
5. 依次舀出适量浆液放入大盘子中，晃匀。
6. 锅中注水烧开，放入盘子，加热，使浆液稍稍定型，取出成型的拉皮，放入凉开水中降温，将拉皮卷起，切条。
7. 将黄瓜丝、胡萝卜丝、紫甘蓝丝、白菜丝、木耳整齐码在盘中，放上拉皮。
8. 沸水锅中倒入虾仁，汆烫约1分钟至转色，捞出，沥干水分，整齐放到拉皮上。
9. 取小碗，放入蒜末、生抽、陈醋、1克食盐、1克鸡粉，加入白糖、芝麻油、辣椒油，搅匀，淋在食材上即可。

辣味虾皮

2分钟　1人份

原料

红椒25克，青椒50克，虾皮35克，葱花少许

调料

食盐2克，鸡粉1克，辣椒油6毫升，芝麻油4毫升，陈醋4毫升，生抽5毫升

/做法/

1. 洗好的青椒、红椒均切开，去籽，再切成粒，装入盘中。
2. 取一个小碗，加入食盐、鸡粉、辣椒油、芝麻油、陈醋、生抽，拌匀，调成味汁。
3. 另取一个大碗，倒入青椒粒、红椒粒、虾皮。
4. 撒上葱花，倒入味汁，拌至食材入味，盛入另一干净的盘中即可。

泡椒黄瓜

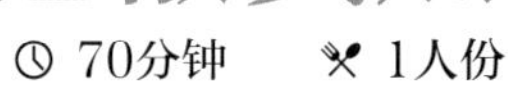

原料

黄瓜220克，泡椒40克，剁椒30克，大蒜20克

调料

食盐、鸡粉、白糖各2克

/做法/

1. 洗净的泡椒切小段；大蒜拍扁；洗净的黄瓜对半切开，再切成条。
2. 取一碗，倒入黄瓜、泡椒、剁椒、大蒜，拌匀，加入食盐、鸡粉、白糖，拌匀。
3. 用保鲜膜密封好，腌渍1小时。
4. 撕开保鲜膜，将腌渍好的黄瓜装入备好的盘中即可。

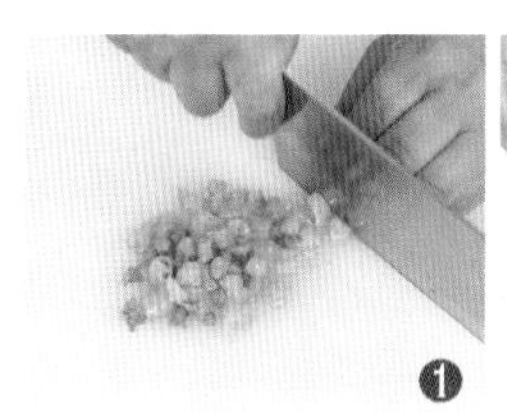

酱汁黄瓜卷

14分钟　2人份

原料

黄瓜…200克
红椒…40克
蒜末…少许

调料

食盐…3克
豆瓣酱…10克
鸡粉…2克
白糖…3克
水淀粉…4毫升
辣椒油…5毫升
生抽…5毫升
食用油…适量

/做法/

1. 洗净的红椒切开，去籽，再切粒。
2. 洗净的黄瓜修齐，切成薄片。
3. 黄瓜片装入盘中，撒上食盐。
4. 搅拌片刻，腌渍10分钟使其变软。
5. 将腌渍好的黄瓜片依次卷成卷，用牙签固定。
6. 热锅注油烧热，倒入蒜末、红椒粒、豆瓣酱，炒香。
7. 淋入生抽，注入少许清水，搅拌匀。
8. 加入鸡粉、白糖，放入水淀粉、辣椒油，拌匀制成芡汁。
9. 将煮好的芡汁浇在黄瓜卷上即可。

小提示： 卷黄瓜片的力度不宜过大，以免将其弄破，增加卷黄瓜的难度，影响最终菜肴的美观。

黔味凉拌茄子

20分钟　　3人份

原料

茄子200克，青椒35克，西红柿100克，葱花10克，蒜末10克

调料

辣椒油适量，生抽4毫升，食盐2克，鸡粉2克，白糖2克，陈醋3毫升，花椒油3毫升

/做法/

1. 洗净的茄子切成段；洗净的青椒去籽，切成粒；洗净的西红柿切成粒。
2. 电蒸锅注水烧开，放入茄子，盖盖，蒸15分钟，取出。
3. 碗中放入青椒、西红柿、蒜末、葱花，加入生抽、食盐、鸡粉、白糖、陈醋、花椒油、辣椒油，拌匀成调味汁。
4. 取一个碗，倒入茄子、调味汁，拌匀，再装入干净的碗中即可。

擂辣椒

12分钟　2人份

原料

青椒300克，蒜末少许

调料

食盐3克，鸡粉3克，豆瓣酱10克，生抽5毫升，食用油适量

/做法/

1. 洗净的青椒去蒂，待用。
2. 热锅注入适量食用油，烧至五成热，倒入青椒，搅拌片刻，炸至青椒呈虎皮状，捞出，沥干油。
3. 把炸好的青椒倒入碗中，再加入蒜末，用木臼棒把青椒捣碎。
4. 放入豆瓣酱、生抽，加入食盐、鸡粉，搅拌片刻，至食材入味，将拌好的辣椒盛出，装入盘中即可。

酱笋条

5分钟　1人份

原料

去皮冬笋140克，豆瓣酱20克，广东米酒50毫升，葱花少许

调料

白糖2克

/做法/

1. 洗净的冬笋切厚片，切小条。
2. 沸水锅中倒入切好的冬笋，焯煮3分钟至去除苦涩味并熟透，捞出焯好的冬笋，沥干水分，装碗待用。
3. 往装有米酒的碗中加入豆瓣酱，放入白糖，加入葱花，拌匀成调味汁。
4. 将调味汁浇在焯好的冬笋上，拌匀，再将拌匀的冬笋装入盘中即可。

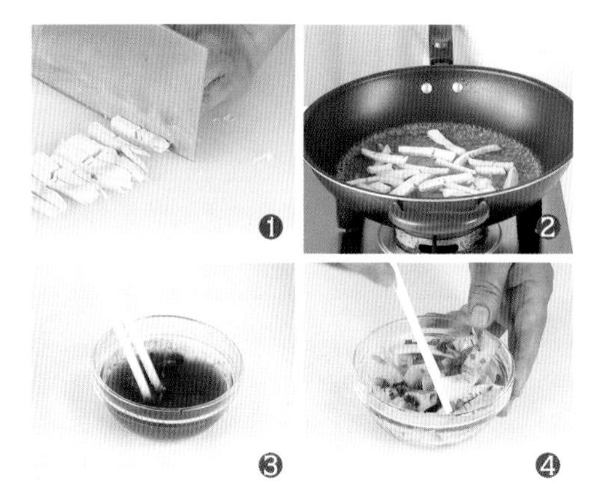

香辣春笋

5分钟　　1人份

原料

竹笋180克，红椒25克，姜块15克，葱花少许

调料

辣椒酱25克，料酒4毫升，白糖2克，鸡粉、陈醋各少许，食用油适量

/做法/

1. 洗净去皮的竹笋切薄片；洗好的红椒切开去籽，再切细丝；洗净的姜块切成细丝。
2. 锅中注入清水烧开，倒入竹笋，再淋入料酒，略煮一会儿，捞出竹笋片，沥干水分。
3. 用油起锅，爆香姜丝，倒入红椒丝、葱花、辣椒酱，炒匀，注入清水，加入白糖、鸡粉、陈醋，调成味汁，盛入碗中。
4. 将焯好的竹笋装入盘中，浇上味汁即可。

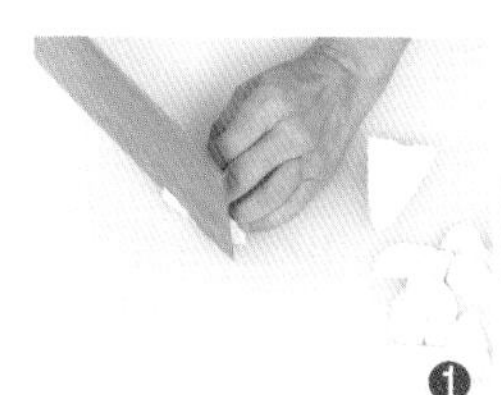

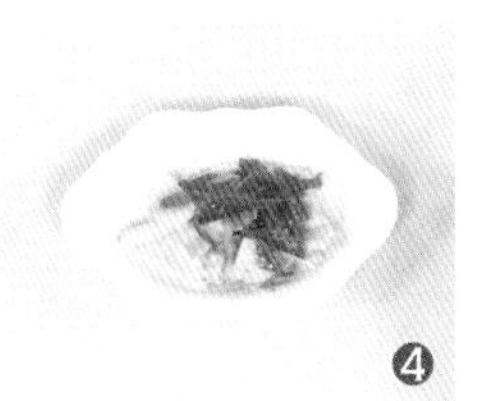

炝拌手撕蒜薹

5分钟　2人份

原料

蒜薹…300克
蒜末…少许

调料

老干妈辣椒酱…50克
陈醋…5毫升
芝麻油…5毫升
食用油…少许

/做法/

1. 锅中注入适量的清水，大火烧开，倒入蒜薹，搅匀，氽煮至断生。
2. 将蒜薹捞出，沥干水分待用。
3. 取一个碗，用手将蒜薹撕成细丝。
4. 倒入老干妈辣椒酱、蒜末，搅拌片刻。
5. 淋入少许食用油、陈醋、芝麻油，搅拌片刻。
6. 取一个盘子，将拌好的蒜薹倒入即可。

小提示： 氽好的蒜薹可在凉水中浸泡片刻，口感会更好。

水豆豉拌折耳根

3分钟　1人份

原料

水豆豉30克，折耳根100克，香菜、蒜末各少许

调料

芝麻油、陈醋、生抽各5毫升，白糖、鸡粉、食盐各3克

/做法/

1. 洗净的折耳根切成小段。
2. 将折耳根段倒入备好的碗中，加入蒜末、水豆豉、香菜。
3. 加入生抽、食盐、鸡粉、芝麻油、白糖、陈醋，充分拌匀，使得食材入味。
4. 将折耳根倒入备好的盘中即可。

酸辣鱼腥草

2分钟　1人份

原料

鱼腥草150克，红小米椒25克，蒜末少许

调料

食盐2克，白糖2克，鸡粉少许，生抽4毫升，白醋6毫升，辣椒油适量

/做法/

1. 将洗净的红小米椒切末。
2. 取一大碗，倒入洗净的鱼腥草，放入切好的红小米椒末。
3. 撒上备好的蒜末，加入食盐、白糖、白醋、生抽。
4. 撒上鸡粉，注入辣椒油，拌匀，至食材入味，盛入盘中，摆好盘即可。

野山椒杏鲍菇

⏲ 243分钟　🍴 1人份

原料

杏鲍菇…120克
野山椒…30克
尖椒…2个
葱丝…少许

调料

食盐…2克
白糖…2克
鸡粉…3克
陈醋…适量
食用油…适量
料酒…适量

/做法/

1. 洗净的杏鲍菇切片，待用。
2. 洗好的尖椒切小圈，待用。
3. 野山椒剁碎，待用。
4. 锅中注入适量清水，烧开，倒入杏鲍菇片，淋入料酒，焯煮片刻。
5. 将焯煮好的杏鲍菇盛出，放入凉水中冷却。
6. 倒出清水，加入野山椒碎、尖椒、葱丝。
7. 加入食盐、鸡粉、陈醋、白糖、食用油，搅拌均匀。
8. 用保鲜膜密封好，放入冰箱冷藏4小时。
9. 从冰箱中取出冷藏好的杏鲍菇，撕去保鲜膜，倒入盘中，放上葱丝即可。

小提示： 杏鲍菇入锅焯煮时放入少量姜片、蒜片，可以有效去除杏鲍菇本身带有的异味，使菜肴味道更佳。

酸辣魔芋结

5分钟　　3人份

原料

魔芋大结…200克
黄瓜…130克
油炸花生米…100克
去皮胡萝卜…90克
熟白芝麻…15克
老干妈香辣酱…50克
香菜叶…少许
葱花…少许
蒜末…少许

调料

食盐…2克
白糖…2克
生抽…5毫升
陈醋…5毫升
芝麻油…5毫升

/做法/

1. 洗净的黄瓜切片，改切成丝；洗好的胡萝卜切片，改切成丝。
2. 锅中注入清水烧开，倒入魔芋大结，焯煮约2分钟。
3. 关火后捞出焯煮好的魔芋大结，沥干水分，装盘待用。
4. 将黄瓜丝和胡萝卜丝整齐码在盘底，放上魔芋大结，待用。
5. 取一碗，倒入蒜末、葱花、老干妈香辣酱、香菜叶。
6. 加入生抽、陈醋、芝麻油、食盐、白糖、油炸花生米、熟白芝麻拌匀，倒在魔芋大结上即可。

小提示： 花生米的红衣营养价值很高，可以不用去掉。

山西陈醋花生

7分钟　　2人份

原料

花生米155克，去籽黄彩椒50克，红椒40克，山西陈醋40毫升，葱花适量

调料

食盐、白糖各2克，生抽5毫升，食用油适量

/做法/

1. 洗净的黄彩椒切丁；洗好的红椒去籽，切成丁。
2. 锅置火上，注入食用油，烧至七成热，倒入花生，油炸约5分钟至呈金黄色。
3. 花生米油炸时取空碗，倒入黄彩椒丁和红椒丁，加入葱花，倒入陈醋，加入生抽，放入食盐、白糖，拌匀成调味汁。
4. 捞出炸好的花生，沥干油分，倒入调味汁中，拌匀，装入盘中即可。

第3章

西式沙拉，缤纷绚丽的『舶来品』

沙拉是一种舶来品，和其他大多数西餐一样精致、健康、清新、爽口，拥有众多的追随者。沙拉主要分为蔬菜沙拉、水果沙拉、肉类沙拉，通常由蔬菜、菌菇、海鲜、瓜果及肉类中一种或多种组成，是一个“大家庭”，它们缤纷绚丽、清新自然、制作简便，是一类比较适合养生的美味。接下来，就是让你大饱口福的时刻。

德式土豆鸡蛋沙拉

◷ 6分钟　　✂ 1人份

原料

熟土豆80克，红彩椒30克，培根60克，西生菜80克，熟鸡蛋1个

调料

食用油、沙拉酱各适量

/做法/

1. 洗净的红彩椒切成小块；熟土豆去皮，切成丁；熟鸡蛋切开，蛋白切开，蛋黄捏碎；培根切粗条；洗净的西生菜用手撕开。
2. 热油锅中放入培根，将其煎至焦黄色，取出，装盘。
3. 碗中加入沙拉酱，倒入土豆、鸡蛋白，充分拌匀。
4. 往备好的盘中摆放上西生菜，放上拌好沙拉的土豆、鸡蛋白，铺上红彩椒、培根，最后撒上鸡蛋黄碎即可。

木瓜鸡肉沙拉

3分钟　2人份

原料

熟鸡胸肉155克，木瓜丁130克，核桃仁80克

调料

食盐1克，黑胡椒粉2克，橄榄油5毫升，沙拉酱适量

/做法/

1. 熟鸡胸肉切丁；核桃仁压碎，剁烂。
2. 将木瓜丁装入碗中，放入鸡肉丁，加入核桃碎，拌至均匀。
3. 放入食盐、黑胡椒粉、橄榄油，拌匀至入味。
4. 将拌好的菜肴装盘，挤入沙拉酱即可。

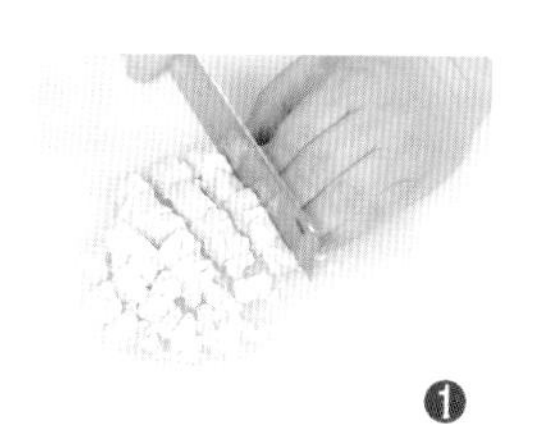
❶
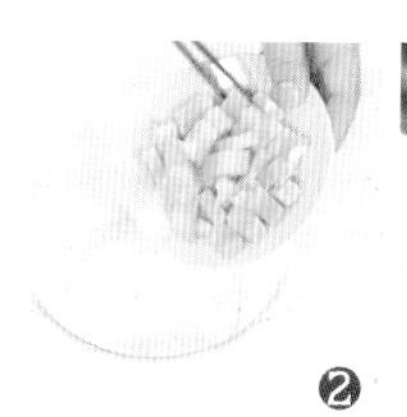
❷

❸

❹

鸡肉土豆沙拉

16分钟　2人份

原料

鸡胸肉…120克
去皮胡萝卜…60克
熟土豆块…100克
熟鸡蛋…1个
豌豆…30克

调料

食盐…3克
鸡粉…3克
黑胡椒粉…3克
沙拉酱…适量
橄榄油…适量
食用油…适量

/做法/

1. 胡萝卜切厚片，切成条，斜刀切成块。
2. 洗净的鸡胸肉切成条，改切成块状。
3. 熟鸡蛋对半切开，切成小瓣，待用。
4. 将鸡肉块装入盘中，加入食盐、鸡粉、黑胡椒粉、橄榄油，抓匀，腌渍10分钟。
5. 热锅注入适量的食用油，烧热，放入腌渍好的鸡肉块，煎至焦黄色。
6. 将煎好的鸡肉块盛入盘中，待用。
7. 往备好的碗中加入沙拉酱、胡萝卜块、豌豆、土豆块，搅拌均匀。
8. 往装饰好的盘中放入拌好的食材，点缀上切好的鸡蛋。
9. 最后放上鸡肉块即可。

小提示：在煎鸡肉块时用黄油来代替食用油，用小火煎，这样煎出来的鸡肉既美观又香浓爽口。

鸡肉沙拉

4分钟　2人份

原料 秋葵90克，鸡胸肉块100克，西红柿110克，柠檬35克

调料 食盐2克，黑胡椒粉少许，芥末酱10克，橄榄油、食用油各适量

/做法/

1. 将洗净的秋葵切去头尾，切段；洗好的西红柿切小块。
2. 起油锅，放入鸡胸肉块煎至断生，盛出，放凉后切小块；锅中注水烧开，放入秋葵段焯至断生，捞出。
3. 取一大碗，倒入秋葵、鸡肉块、西红柿块，拌匀，挤入柠檬汁，加入食盐、芥末酱。
4. 撒上黑胡椒粉，淋入橄榄油，拌匀，盛入盘中，摆好盘即可。

鲜橙三文鱼

15分钟　1人份

原料 三文鱼100克，柠檬30克，脐橙60克，洋葱丁15克，蒜末15克

调料 食盐2克，橄榄油适量

/做法/

1. 洗净的三文鱼斜刀切片；洗净的脐橙部分切片，剩下的部分去皮取肉，将脐橙肉切成块。
2. 往三文鱼中放上洋葱丁、蒜末，加入食盐，挤上柠檬汁，淋上橄榄油，拌匀，腌渍10分钟。
3. 往备好的盘中摆放上脐橙片，摆放上压膜，往压膜里放入适量的三文鱼、脐橙肉。
4. 再用适量的三文鱼盖住，压紧后取出压膜即可。

原料

三文鱼肉260克，牛油果100克，芒果300克，柠檬30克

调料

沙拉酱、柠檬汁各适量

三文鱼芒果沙拉

5分钟　2人份

/做法/

1. 洗净去皮的牛油果、芒果均用模具压出圆饼状，取部分圆饼改切成小丁块。
2. 洗净的三文鱼切薄片，用模具压出圆饼状，余下的鱼肉切成小丁块；洗净的柠檬切开，部分切薄片。
3. 盘中放入牛油果片，挤入沙拉酱，放入牛油果丁铺平，挤上一层沙拉酱，放入芒果片，叠好，再挤上沙拉酱，放入芒果丁，铺平，盖上三文鱼肉片，摆盘。
4. 放上柠檬片，挤上适量柠檬汁即可。

土豆金枪鱼沙拉

8分钟　　2人份

原料

土豆150克，熟金枪鱼肉50克，玉米粒40克，蛋黄酱30克，洋葱15克，熟鸡蛋1个

调料

食盐少许，黑胡椒粉2克

/做法/

1. 将洗净去皮的土豆切滚刀块；洗好的洋葱切丁；熟金枪鱼肉撕成小片；熟鸡蛋去除蛋壳，切小瓣。
2. 锅中注入清水烧开，倒入玉米粒，焯熟后捞出；取一个小碗，倒入蛋黄酱，放入洋葱丁、黑胡椒粉、食盐，拌匀成酱料。
3. 蒸锅置火上烧开，放入土豆块，蒸至食材熟透，取出。
4. 取一个大碗，放入土豆块，倒入玉米粒、金枪鱼肉，加入酱料，拌匀，盛入盘中，再放上切好的熟鸡蛋，摆好盘即成。

百香果蜜梨海鲜沙拉

15分钟　　2人份

原料

百香果50克，雪梨100克，西红柿100克，黄瓜80克，芦笋50克，虾仁15克

调料

蜂蜜、橄榄油各适量

/做法/

1. 洗好去皮的雪梨去核，切成小块；洗净的黄瓜切成小片；洗好的西红柿切片；洗净的芦笋切成条；处理好的虾仁去除虾线；洗好的百香果切开取籽。
2. 碗中倒入百香果籽、蜂蜜，加入橄榄油，拌匀成沙拉酱。
3. 锅中注入清水烧开，倒入橄榄油，放入芦笋条，焯熟后捞出；沸水锅中倒入虾仁，汆熟后捞出。
4. 取一个盘，放入西红柿片、芦笋条、黄瓜片、虾仁、雪梨块，浇上沙拉酱即可。

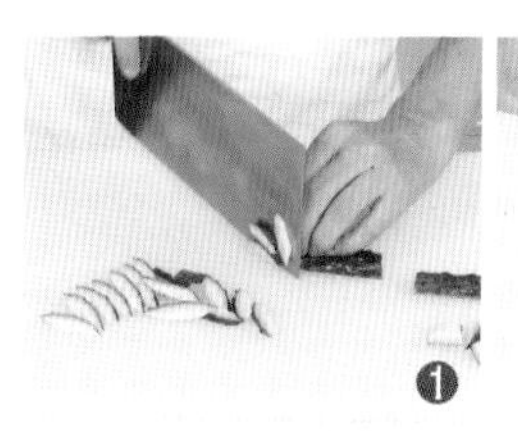
❶

❷

❸

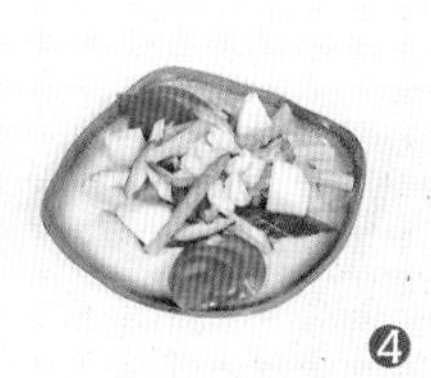
❹

凯撒沙拉

5分钟　1人份

原料

西生菜60克，面包丁40克，芝士粒8克，鳀鱼柳5克

调料

黄油、橄榄油、芝士粉各适量，蜂蜜5毫升，白洋醋3毫升，盐3克

/做法/

1. 洗净的西生菜用手撕成小块，待用。
2. 热锅倒入黄油，加热至溶化，放入面包丁，煎至金黄色，盛入盘中。
3. 取一干净的碗，倒入芝士粒、橄榄油、鳀鱼柳，加入食盐、蜂蜜，淋上白洋醋，放上西生菜，拌匀。
4. 将西生菜盛入备好的盘中，撒上面包丁以及芝士粉即可。

菠菜沙拉

7分钟　1人份

原料

菠菜叶60克，大蒜8克，核桃仁10克，洋葱碎8克，红椒碎适量

调料

橄榄油、食用油各适量，食盐、白糖各3克，白洋醋3毫升

/做法/

1. 沸水锅中加入适量的食用油，倒入洗净的菠菜叶，焯煮至断生，捞出，放入碗中。
2. 将洋葱碎、大蒜倒入碗中，再加入食盐、白糖、橄榄油、白洋醋，搅拌片刻。
3. 往备好的盘中放上压模，往压模中放入拌匀的菠菜叶，压平。
4. 慢慢将压模取出，往菠菜叶上放上适量的红椒碎做点缀，旁边放上核桃仁即可。

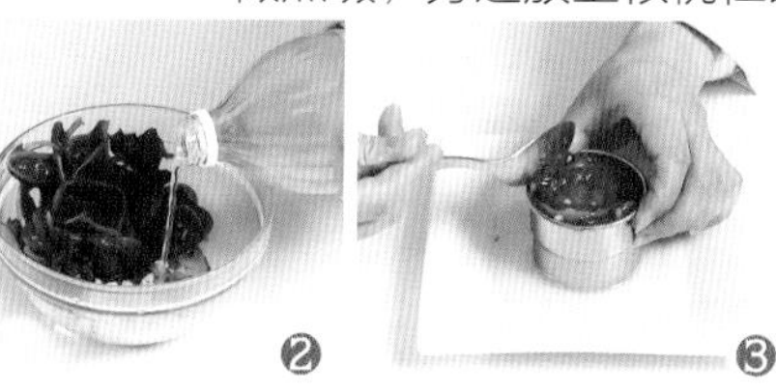

番茄奶酪沙拉

3分钟　　2人份

原料

西红柿…200克

西生菜…50克

奶酪…50克

蜂蜜…20克

调料

白洋醋…5毫升

橄榄油…适量

黑胡椒粉…适量

/做法/

1. 洗净的西生菜撕成长条。
2. 奶酪修整齐，改切成片。
3. 洗净的西红柿切片。
4. 取一盘，交错摆放上西红柿片、西生菜条、奶酪，摆成一个圈，待用。
5. 往备好的碗中倒入蜂蜜、白洋醋，加入黑胡椒粉，淋上橄榄油，充分拌匀，制成沙拉酱。
6. 将制作好的沙拉酱淋在摆放好的食材上即可。

小提示： 西红柿一定要用流水冲洗干净，这样可以有效地去除表面残留的农药。

西蓝花沙拉

6分钟　1人份

原料

西蓝花块80克，圆白菜60克，紫甘蓝50克，圣女果40克

调料

食盐、白醋、沙拉酱各少许

/做法/

1. 洗净的圣女果对半切开；处理干净的圆白菜切成块状；洗净的紫甘蓝切成块。
2. 锅中注入清水烧开，倒入圆白菜块、西蓝花块、紫甘蓝块，焯煮片刻，捞出，放入凉水中放凉后将其捞出。
3. 将蔬菜装入碗中，加入少许食盐、白醋，拌匀。
4. 将备好的圣女果摆入盘中，倒入拌好的蔬菜，挤上少许沙拉酱即可。

洋葱蘑菇沙拉

8分钟　2人份

原料

黄瓜70克，洋葱30克，杏鲍菇70克，香菇50克，奶酪50克，口蘑40克，意大利香草调料10克

调料

食盐2克，橄榄油4毫升，香醋4毫升，白糖2克，黑胡椒粉适量

/做法/

1. 洗净的杏鲍菇切成条；洗净的香菇、黄瓜均切丁；洗净的口蘑、洋葱切成片；备好的奶酪切成块。
2. 锅中注入清水烧开，倒入杏鲍菇条、香菇丁、口蘑片，焯煮至断生，捞出，放入凉水中放凉后将其捞出。
3. 取一个干净的碗，倒入焯熟的食材、洋葱片、黄瓜丁、奶酪，拌匀。
4. 加入食盐、黑胡椒粉、橄榄油，淋上香醋，放入白糖，拌匀，装入盘中，撒上意大利香草调料即可。

香草芦笋口蘑沙拉

8分钟　2人份

原料

芦笋…90克
口蘑…90克
洋葱丝…20克
迷迭香…5克
红彩椒块…20克
黄彩椒块…20克
西生菜…40克
蒜末…20克

调料

食盐…3克
黑胡椒粉…3克
白糖…3克
蜂蜜…5克
白洋醋…5毫升
法国黄芥末…10克
橄榄油…适量

小提示： 要将芦笋的老皮部分去除干净，这样制作出来的沙拉口感才更加好，更加爽脆。

/做法/

1. 洗净的口蘑切去柄部，切成厚片；洗净的芦笋斜刀切片。
2. 锅中注入适量清水烧开，加入1克食盐。
3. 倒入口蘑片、芦笋片，焯煮片刻至断生。
4. 捞出焯煮好的食材，放入凉水中冷却，捞出，放入盘中。
5. 取一干净的碗，倒入迷迭香、蒜末、洋葱丝、红彩椒块、黄彩椒块。
6. 淋上白洋醋，加入2克食盐、黑胡椒粉、白糖、蜂蜜、法国黄芥末，充分拌匀。
7. 倒入焯好的食材，加入部分洗净的西生菜，充分拌匀入味。
8. 淋上适量的橄榄油，拌匀。
9. 往备好的盘中摆放上剩余的西生菜，再将拌匀入味的食材倒入其中即可。

彩椒鲜蘑沙拉

⏱ 8分钟　🍴 2人份

原料

去皮胡萝卜…40克
彩椒…60克
口蘑…50克
去皮土豆…150克
沙拉酱…10克

调料

食盐…2克
橄榄油…10毫升
胡椒粉…3克

/做法/

1. 洗净的胡萝卜切片。
2. 洗好的彩椒切片。
3. 洗净的口蘑切块。
4. 洗好的土豆切片。
5. 锅中注入适量清水烧开，倒入土豆片、口蘑块、胡萝卜片、彩椒片，焯煮片刻。
6. 关火，将焯煮好的食材捞出，放入凉水中，冷却后捞出装入碗中。
7. 加入食盐、橄榄油、胡椒粉。
8. 用筷子搅拌均匀。
9. 将拌好的食材倒入盘子中，挤上沙拉酱即可。

小提示： 切好的土豆要立即放入水中浸泡，这样可防止土豆氧化变黑，以免影响菜肴的美观。

蛋黄土豆泥沙拉

3分钟　1人份

原料

熟鸡蛋1个，黄瓜片30克，西红柿80克，熟土豆块100克

调料

橄榄油、淡奶油各适量，食盐、鸡粉、白糖各3克

/做法/

1. 洗净的西红柿去蒂，切成片；熟鸡蛋切开，取出蛋黄，将蛋白、蛋黄分别切碎；用勺子将熟土豆块压成泥状。
2. 往土豆泥中倒入蛋白碎，加入食盐、鸡粉、白糖、橄榄油，淋上淡奶油，拌匀成沙拉酱。
3. 取一个干净的长盘，先铺放上三片黄瓜片，摆成张开的叶子形状，再在叶柄处放上一片西红柿，摆成蔬菜花，依次摆成三朵蔬菜花。
4. 再在每片西红柿上放上沙拉酱，撒上蛋黄碎即可。

土豆胡萝卜沙拉

10分钟　2人份

原料

去皮土豆100克，去皮胡萝卜80克，黄瓜75克，黄彩椒、红彩椒各30克，熟鸡蛋1个

调料

食盐5克，白洋醋5毫升，橄榄油5毫升，沙拉酱适量

/做法/

1. 去皮的土豆切滚刀块；洗净的黄瓜切块；处理好的胡萝卜、红彩椒、黄彩椒均切菱形块。
2. 奶锅注水烧热，加入食盐、土豆块，煮至土豆块熟软，捞出，装入碗中，倒入清水，浸泡至土豆块降温，捞出；熟鸡蛋去壳，切小块。
3. 取空碗，放入沙拉酱，加入橄榄油、白洋醋，倒入土豆块、黄瓜块、胡萝卜块，拌匀。
4. 取盘，倒入拌好的沙拉，放上鸡蛋、彩椒即可。

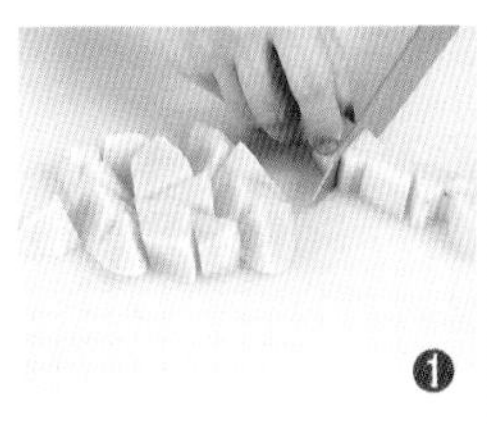

油醋汁素食沙拉

4分钟　2人份

原料

生菜…40克

圣女果…50克

蓝莓…10克

杏仁…20克

苹果醋…10毫升

调料

白糖…5克

橄榄油…适量

/做法/

1. 洗净的圣女果对半切开。
2. 洗好的生菜切成段。
3. 取一干净的碗，放入生菜、杏仁、蓝莓，拌匀。
4. 加入适量橄榄油、白糖、苹果醋，用筷子搅拌均匀。
5. 取一盘，摆放上切好的圣女果。
6. 倒入拌好的果蔬即可。

小提示： 做好的沙拉可放入冰箱冷藏，冷藏过的沙拉口感更好。

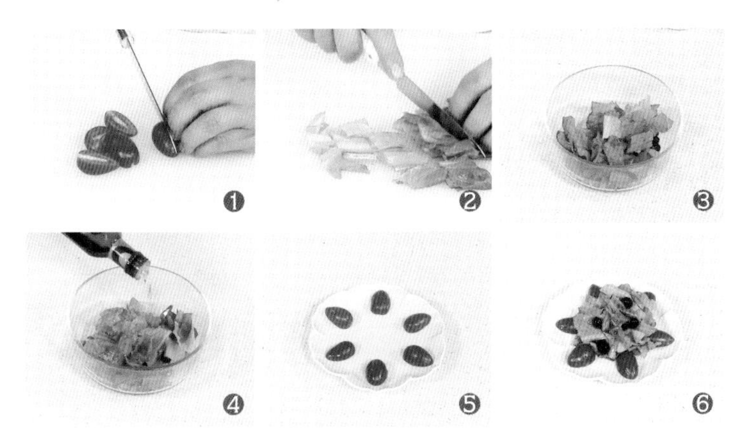

冰镇芝麻蔬菜沙拉

32分钟　2人份

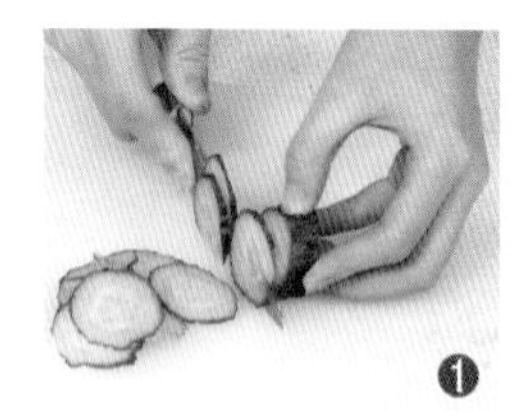

原料

生菜100克，圣女果150克，黄瓜50克，黑芝麻3克

调料

沙拉酱适量

/做法/

1. 洗净的黄瓜切片；洗好的圣女果对半切开。
2. 将洗净的生菜叶子摘下，铺在盘底，倒入切好的圣女果，放入切好的黄瓜片。
3. 封上保鲜膜，放入冰箱冷藏30分钟。
4. 取出冷藏好的蔬菜，撕开保鲜膜，撒上黑芝麻粒，挤上沙拉酱即可。

蔬菜沙拉

5分钟　3人份

原料 包生菜120克，紫甘蓝70克，黄彩椒40克，圣女果30克，胡萝卜80克，红彩椒50克，苦菊90克，黄瓜40克，生菜70克

调料 食盐2克，黑胡椒3克，橄榄油、白洋醋、沙拉酱各适量

/做法/

1. 洗净的黄瓜切条；洗净的红彩椒、黄彩椒均去籽，切块；洗净的圣女果切片；去皮的胡萝卜切细条；紫甘蓝、包生菜均撕成小块；苦菊掐去根部，撕成段。
2. 碗中倒入胡萝卜、红彩椒、黄瓜、紫甘蓝、黄彩椒、包生菜、苦菊、圣女果。
3. 放入橄榄油、食盐、黑胡椒、白洋醋拌匀。
4. 取一个盘子，摆放上备好的生菜叶，倒入拌好的蔬菜，挤上适量沙拉酱即可。

华尔道夫沙拉

3分钟　2人份

原料 黄瓜65克，西芹70克，苹果90克，淡奶油40克，核桃仁50克，葡萄干30克，香菜叶少许

/做法/

1. 洗净的黄瓜去籽，切块；洗好的西芹切块；洗净的苹果对半切开，去核，切瓣，再去皮，最后切块。
2. 取大碗，放入淡奶油，拌匀，倒入切好的黄瓜块、西芹块。
3. 放入切好的苹果块，拌匀食材，装入备好的盘中。
4. 掰碎核桃仁，放在沙拉上，再在沙拉上撒上葡萄干，最后放些香菜叶做装饰即可。

什锦蔬果沙拉

2分钟　　1人份

原料

美国油桃1个，圣女果4个，草莓3个，葡萄3个，红彩椒15克，圆椒圈30克，生菜70克

调料

沙拉酱适量

/做法/

1. 洗净的红彩椒切成小块；洗净的油桃切开，去核，改切成小块；洗净的圣女果对半切开；洗净的草莓切小块；洗净的葡萄对半切开。
2. 取一碗，放入适量沙拉酱。
3. 倒入草莓、葡萄、红彩椒、圣女果、油桃块，搅拌均匀。
4. 将洗净的生菜摆放在备好的盘中，再放上拌好的水果，摆上圆椒圈即可。

奶酪茄果沙拉

3分钟　2人份

原料

奶酪60克，猕猴桃80克，西红柿100克，西生菜60克

调料

沙拉酱适量

/做法/

1. 奶酪切条，斜刀切成丁。
2. 洗净的西红柿去蒂，改切成块。
3. 猕猴桃切厚片，去皮，切成块。
4. 取一碗，放入沙拉酱、猕猴桃块、西红柿块、奶酪，充分拌匀，放入铺有西生菜的盘子中即可。

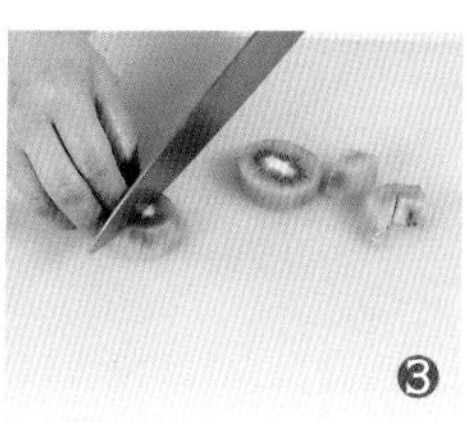

牛油果沙拉

◷ 2分钟　　✕ 3人份

原料

牛油果300克，西红柿65克，柠檬60克，青椒35克，红椒40克，洋葱40克，蒜末少许

调料

黑胡椒2克，橄榄油、食盐各适量

/做法/

1. 洗净的青椒、红椒均去籽，切成丁；洗好的洋葱切成块；洗净的西红柿切丁。
2. 洗净的牛油果对半切开，去核，挖出瓤，留牛油果盅备用，将瓤切碎。
3. 取一个碗，放入洋葱块、牛油果、西红柿丁，再放入青椒丁、红椒丁、蒜末。
4. 加入食盐、黑胡椒、橄榄油，搅拌均匀，装入牛油果盅中，挤上少许柠檬汁即可。

冰镇橙汁水果沙拉

34分钟　3人份

原料

火龙果丁250克，猕猴桃丁150克，圣女果100克，芒果丁50克，橙汁30毫升

调料

白糖5克

做法

1. 橙汁中倒入白糖，搅拌均匀至溶化。
2. 取一大碗，倒入切好的圣女果，放入猕猴桃丁，倒入火龙果丁。
3. 加入芒果丁，倒入搅匀的橙汁，拌匀。
4. 封上保鲜膜，放入冰箱冷藏30分钟，取出，揭开保鲜膜，将沙拉装盘即可。

❶

❷

❸

❹

凉拌菜

拌出来的清凉味

酸奶水果沙拉

2分钟　　2人份

原料

橙子…60克
猕猴桃…35克
草莓…40克
圣女果…30克
苹果…50克
香蕉…80克
西生菜…适量

调料

酸奶…40克

/做法/

1. 洗净的苹果切大块，去籽，去皮，切成小块。
2. 洗净的草莓切去蒂，对半切开，改切成小块。
3. 洗净的圣女果对半切开；洗净的橙子切成厚片，去皮，再改切成小块。
4. 洗净的猕猴桃切成厚片，去皮，切成小块；香蕉去皮，再切成小块，待用。
5. 取一个干净的大碗，倒入酸奶、香蕉块、圣女果、草莓块、猕猴桃块、苹果块、橙子块，充分拌匀。
6. 将拌匀的水果放入装饰有西生菜的盘子中即可。

小提示： 将切好的苹果立即放入清水中，以免氧化后影响外观、口感及营养价值。

橙盅酸奶水果沙拉

2分钟　　1人份

原料

橙子1个，猕猴桃肉35克，圣女果50克

调料

酸奶30克

/做法/

1. 将备好的猕猴桃肉切小块；洗好的圣女果对半切开。
2. 洗净的橙子切去头尾，用雕刻刀从中间分成两半，取出果肉，制成橙盅，再把果肉改切小块。
3. 取一大碗，倒入圣女果、橙子肉块，撒上猕猴桃肉，拌匀。
4. 另取一盘，放上做好的橙盅，摆整齐，再盛入拌好的材料，浇上酸奶即可。

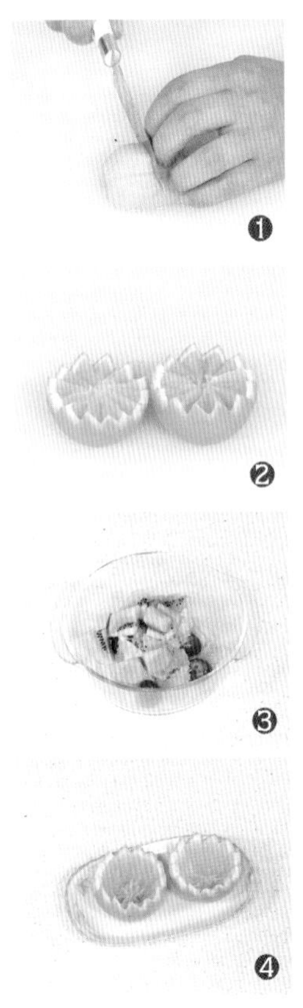

第4章

无肉不欢，吃一口就停不下嘴

对于爱吃肉一族来讲，即便是再好看、再美味的“素”凉拌摆在眼前，也许照样不会吃。浓香醇厚的肉类的诱惑力实在是太大了，缺少了肉，天下美食少一半，吃货的心也将缺一半。本章精心挑选数十道特别家常的肉类凉拌菜，绝对好吃，让你停不下嘴。

如意白肉卷

⏲ 10分钟　🍴 3人份

原料

熟五花肉…400克
蒜薹…100克
红椒粒…40克
蒜末…40克
葱花…少许

调料

芝麻油…10毫升
鸡粉…2克
陈醋…5毫升
食盐…2克
白糖…2克
生抽…10毫升

/做法/

1. 洗好的蒜薹切成长段；熟五花肉切成薄片。
2. 锅中注入适量清水，大火烧开，倒入切好的蒜薹段，汆煮至断生。
3. 将蒜薹段捞出，沥干水分，待用。
4. 将五花肉片铺平，摆上蒜薹段。
5. 将肉片卷起，用牙签固定住，即成白肉卷。
6. 将剩余的食材依次制成数个白肉卷。
7. 取一个碗，倒入蒜末、红椒粒、葱花。
8. 放入食盐、白糖、生抽、陈醋、鸡粉、芝麻油，搅拌均匀，制成味汁。
9. 将味汁摆在肉卷边上，蘸食即可。

小提示： 汆过水的五花肉可以用刀压一下，让多余的油脂流出来，这样既可以保持其口感，也不用担心发胖。

白煮肉

◷ 33分钟　　✕ 3人份

原料

五花肉…400克
大葱…50克
姜片…30克
八角…2个
腐乳…30克
葱花…30克
香菜碎…15克
蒜末…20克
韭菜花酱…40克

调料

鸡粉…1克
料酒…3毫升
生抽…3毫升
辣椒油…3毫升
芝麻油…适量

/做法/

1. 沸水锅中放入洗净的五花肉，加入料酒。
2. 倒入大葱和姜片，放入八角。
3. 加盖，用大火煮开后转小火续煮30分钟至五花肉熟软。
4. 韭菜花酱中放入腐乳。
5. 倒入蒜末，放入葱花。
6. 加入适量香菜碎。
7. 放入鸡粉、芝麻油、生抽、辣椒油，拌匀成酱料，待用。
8. 揭盖，取出煮好的五花肉，装盘放凉。
9. 将放凉的五花肉切薄片，装盘，食用时蘸取酱料即可。

小提示：酱料中可以放入适量的白糖，这样菜肴更具口感；五花肉可以先撒点食盐腌渍片刻，味道会更浓郁。

蒜泥白肉

42分钟　　2人份

原料

净五花肉300克，蒜泥30克，葱条、姜片、葱花各适量

调料

食盐3克，料酒、味精、辣椒油、酱油、芝麻油、花椒油各少许

/做法/

1. 锅中注入清水烧热，放入五花肉、葱条、姜片、料酒，盖上盖，用大火煮20分钟至材料熟透，关火，在原汁中浸泡20分钟。
2. 把蒜泥放入碗中，倒入食盐、味精、辣椒油、酱油、芝麻油、花椒油，拌匀成味汁。
3. 取出煮好的五花肉，切成厚度均等的薄片。
4. 摆入盘中码好，浇入拌好的味汁，撒上葱花即成。

芝麻肉片

18分钟　　2人份

原料

瘦肉300克，白芝麻6克，蒜末、葱花各少许

调料

食盐3克，鸡粉3克，料酒5毫升，生抽10毫升，辣椒油、芝麻油各适量

/做法/

1. 锅中倒水，加生抽、食盐、鸡粉，放入洗净的瘦肉，加入料酒，拌匀，用小火煮15分钟至熟，捞出。
2. 把瘦肉切成薄片，放入盘中凉凉。
3. 把切好的肉片装入碗中，再放入蒜末、葱花。
4. 加入生抽、鸡粉、食盐、辣椒油、芝麻油、原汤汁，拌匀，盛出，装入盘中，撒上白芝麻即可。

黄瓜里脊片

6分钟　2人份

原料

黄瓜160克，猪里脊肉100克

调料

鸡粉2克，食盐2克，生抽4毫升，芝麻油3毫升，料酒、鲜汤各适量

/做法/

1. 洗好的黄瓜切开，去瓤，再切成块；洗净的猪里脊肉切薄片。
2. 锅中注入清水烧开，倒入肉片，淋入料酒，拌匀，煮至变色，捞出肉片。
3. 取一个碗，注入鲜汤，加入鸡粉、食盐、生抽、芝麻油，拌匀成味汁。
4. 另取一盘，放入黄瓜，放入里脊肉，叠放整齐，浇上味汁，摆好盘即成。

香辣肉丝白菜

4分钟　1人份

原料

猪瘦肉60克，白菜85克，香菜20克，姜丝、葱丝各少许

调料

食盐2克，生抽3毫升，鸡粉2克，白醋6毫升，芝麻油7毫升，料酒4毫升，食用油适量

/做法/

1. 洗净的白菜切粗丝；洗好的香菜切段；洗净的猪瘦肉切片，再切细丝；取一个大碗，放入白菜丝。
2. 用油起锅，倒入肉丝，炒至变色，倒入姜丝、葱丝，爆香。
3. 加入料酒、食盐、生抽，炒匀炒香，关火后盛出，装入大碗中，拌匀。
4. 再倒入香菜段，加入食盐、鸡粉、白醋、芝麻油，拌匀，盛入盘中即可。

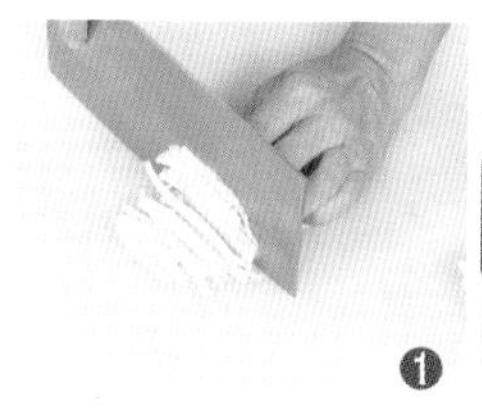

芝麻拌猪耳

8分钟 2人份

原料

卤猪耳350克，白芝麻3克，葱花少许

调料

食盐3克，鸡粉1克，生抽、陈醋、辣椒油、芝麻油各适量

/做法/

1. 将卤猪耳切成片。
2. 炒锅置于火上，烧热，倒入白芝麻，炒出香味，改用小火炒至熟，盛出备用。
3. 碗中放入切好的猪耳，再加入食盐、生抽、鸡粉，倒入辣椒油、陈醋。
4. 淋上少许芝麻油，撒入白芝麻、葱花，拌约1分钟至入味，盛出装盘即可。

豆芽拌猪肝

◷ 6分钟　✂ 2人份

原料

卤猪肝220克，绿豆芽200克，蒜末、葱段各少许

调料

食盐2克，鸡粉2克，生抽5毫升，陈醋7毫升，花椒油、食用油各适量

/做法/

1. 将备好的卤猪肝切开，再切成片，待用。
2. 锅中注入清水烧开，倒入洗净的绿豆芽，焯煮至食材断生后捞出，沥干水分。
3. 起油锅，爆香蒜末，倒入葱段、部分猪肝片，炒匀，关火后放入绿豆芽、食盐、鸡粉、生抽、陈醋、花椒油，拌匀。
4. 取盘子，放入余下的猪肝片，摆放好，再盛入锅中的食材，摆好盘即可。

卤猪腰

8分钟　2人份

原料

猪腰250克，姜片、葱结、香菜段各少许

调料

食盐3克，生抽5毫升，料酒4毫升，陈醋、芝麻油、辣椒油各适量

/做法/

1. 洗净的猪腰切开，去除筋膜。
2. 锅中注入适量的清水烧开，加入料酒、食盐、生抽、姜片、葱结。
3. 倒入猪腰，拌匀，中火煮约6分钟至熟，捞出猪腰，放凉后切成粗丝。
4. 取一碗，放入切好的猪腰、香菜段，加入生抽、食盐、陈醋、辣椒油、芝麻油，拌匀，放入盘中即可。

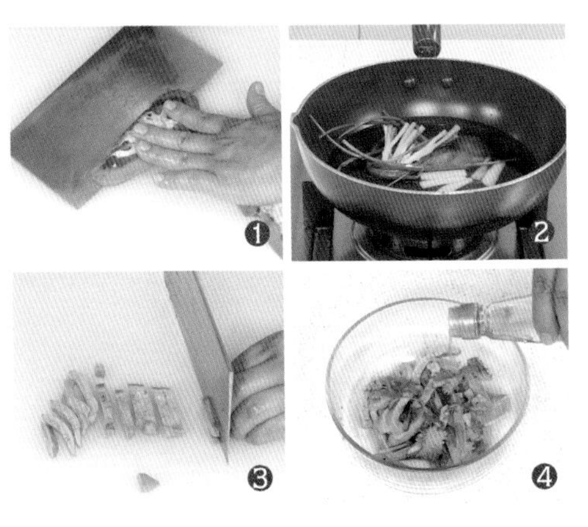

凉拌猪肚丝

122分钟　3人份

原料

洋葱150克，黄瓜70克，猪肚300克，沙姜、草果、八角、桂皮、姜片、蒜末、葱花各少许

调料

食盐3克，鸡粉2克，生抽4毫升，白糖3克，芝麻油5毫升，辣椒油4毫升，胡椒粉2克，陈醋3毫升

/做法/

1. 洋葱、黄瓜均洗净切丝；洋葱焯水至断生。
2. 砂锅中注水烧热，放入沙姜、草果、八角、桂皮、姜片、猪肚，加入食盐、生抽，烧开后卤2小时，捞出，放凉后切细丝。
3. 碗中加猪肚丝、部分黄瓜丝、食盐、白糖、鸡粉、生抽、芝麻油、辣椒油、胡椒粉、陈醋、蒜末，拌匀；盘中铺上剩余黄瓜丝。
4. 放入洋葱丝、拌好的材料，撒葱花即可。

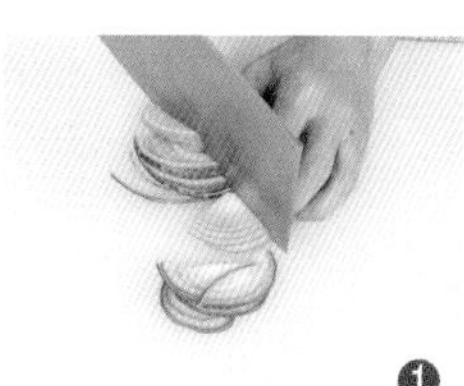

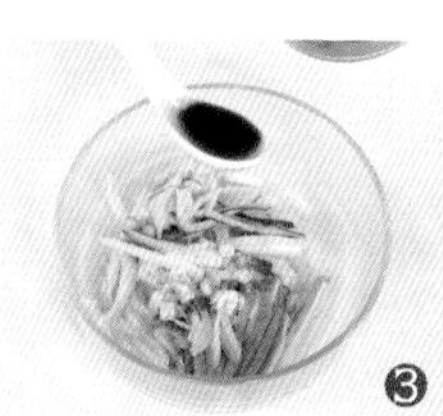

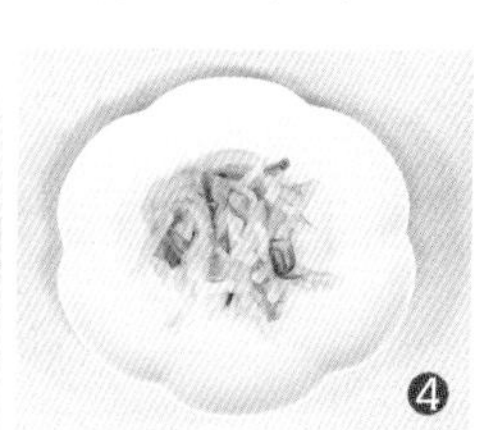

香葱红油拌肚条

2分钟　　2人份

原料

葱段30克，熟猪肚300克

调料

食盐、白糖各2克，鸡粉3克，生抽、芝麻油、辣椒油各5毫升

/做法/

1. 熟猪肚切成粗条。
2. 取一个碗，放入切好的猪肚条、葱段。
3. 加入食盐、鸡粉、生抽、白糖，再淋入芝麻油、辣椒油。
4. 搅拌均匀，使其入味，将拌好的猪肚条装入盘中即可。

凉拌牛肉紫苏叶

95分钟　2人份

原料

牛肉100克，紫苏叶5克，蒜瓣10克，大葱20克，胡萝卜250克，姜片适量

调料

食盐4克，白酒10毫升，香醋8毫升，鸡粉2克，芝麻酱4克，芝麻油、生抽各少许

/做法/

1. 砂锅中注入清水烧热，放入蒜瓣、姜片、牛肉、白酒、食盐、生抽，搅匀调味。
2. 用中火煮90分钟至熟软，捞出牛肉，放凉备用。
3. 去皮的胡萝卜切成细丝；放凉的牛肉切成丝；洗好的大葱切成丝；洗好的紫苏叶切成丝。
4. 取一个碗，放入牛肉丝、胡萝卜丝、大葱丝、紫苏叶丝，加入食盐、香醋、鸡粉、芝麻油、芝麻酱，拌匀，再装入盘中即可。

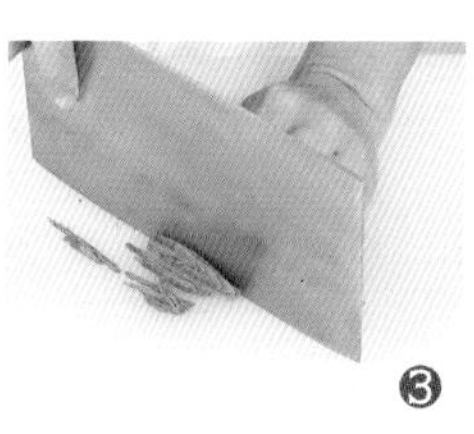

豆腐皮拌牛腱

6分钟　2人份

原料

卤牛腱…150克
豆腐皮…80克
彩椒…30克
蒜末…少许
香菜…少许

调料

生抽…4毫升
食盐…2克
鸡粉…2克
白糖…3克
芝麻油…3毫升
红油…3毫升
花椒油…4毫升

/做法/

1. 洗净的豆腐皮切成细丝；洗净的彩椒去籽，切成丝；择洗好的香菜切成碎；卤牛腱切成丝。
2. 锅中注入清水烧开，倒入豆腐丝，汆煮片刻，去除豆腥味，捞出，沥干水分。
3. 取一个碗，倒入牛腱丝、豆腐丝。
4. 放入适量彩椒丝、蒜末，加入生抽、食盐、鸡粉。
5. 放入白糖，淋入芝麻油、红油、花椒油，拌匀。
6. 放入香菜碎，搅拌片刻，使其充分入味，摆入盘中即可。

小提示：豆腐丝可以切短一点，这样更方便食用。

葱油百叶

10分钟　　2人份

原料

黑百叶…250克
冬笋…140克
红椒…20克
大葱段…10克

调料

生抽…适量
食用油…适量

/做法/

1. 处理干净的大葱切成丝；处理好的冬笋切成丝；洗净的红椒切成丝；处理干净的黑百叶切成条。
2. 锅中注入清水烧开，倒入冬笋丝，拌匀。
3. 将汆煮至断生的冬笋捞出，沥干水分。
4. 将冬笋围绕盘中摆放，将中间空出来。
5. 再将黑百叶倒入沸水中，汆煮断生。
6. 将百叶捞出，沥干水分，摆放在竹笋中间。
7. 再撒上红椒丝、葱丝，待用。
8. 热锅注入适量食用油，烧至八成热。
9. 将热油浇在黑百叶上，淋上生抽即可。

小提示： 黑百叶汆水时可淋入料酒，能更好地去腥。而且汆煮百叶的时间不宜过久，不然口感会变老，煮1分钟左右最好。

芥末牛百叶

5分钟　2人份

原料

牛百叶300克，芥末糊30克，红椒10克，香菜少许

调料

食盐、鸡粉各1克，食用油10毫升

/做法/

1. 洗净的红椒切细丝；洗好的牛百叶切开，再切粗条。
2. 锅中注入清水烧开，倒入牛百叶、红椒丝，拌匀，煮至熟，捞出食材，沥干水分。
3. 取一个大碗，倒入牛百叶、红椒丝，撒上香菜，加入食盐、鸡粉、食用油。
4. 倒入芥末糊，拌匀，至食材入味，盛入盘中即可。

凉拌牛百叶

6分钟　3人份

原料

牛百叶350克，胡萝卜75克，花生碎55克，荷兰豆50克，蒜末20克

调料

食盐、鸡粉各2克，白糖4克，生抽4克，芝麻油、食用油各少许

/做法/

1. 洗净去皮的胡萝卜切成细丝；洗好的牛百叶切片；洗净的荷兰豆切成细丝。
2. 水烧开，倒入牛百叶片煮1分钟，捞出；沸水锅中加食用油、胡萝卜丝、荷兰豆片，焯至断生，捞出。
3. 取一盘，盛入部分胡萝卜、荷兰豆垫底。
4. 取一碗，倒入牛百叶，放入余下的胡萝卜、荷兰豆，加入食盐、白糖、鸡粉、蒜末、生抽、芝麻油、花生碎，拌至入味，盛入盘中，摆好即可。

红油蹄筋

5分钟　　2人份

原料

熟牛蹄筋…250克
圆椒…50克
红椒…30克
蒜末…5克
香菜…3克

调料

生抽…5毫升
食盐…2克
鸡粉…2克
白糖…3克
陈醋…4毫升
芝麻油…适量
辣椒油…适量

/做法/

1. 备好的熟牛蹄筋切成小块。
2. 洗净去籽的圆椒切条。
3. 洗净去籽的红椒切条，再切段。
4. 锅中注入清水烧开，倒入牛蹄筋，拌匀，再次煮开。
5. 将牛蹄筋捞出，沥干水分，待用。
6. 取一个大碗，倒入牛蹄筋块、圆椒条、红椒条、蒜末。
7. 放入生抽、食盐、鸡粉、白糖、陈醋。
8. 淋入芝麻油、辣椒油，充分搅拌匀。
9. 将拌好的牛蹄筋装入盘中，撒上香菜即可。

小提示： 煮好的牛蹄筋可以放入冰水中浸泡一会儿，再捞出，放入调料凉拌，这样牛蹄筋口感会更筋道。

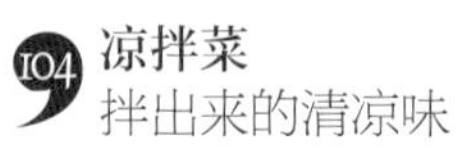

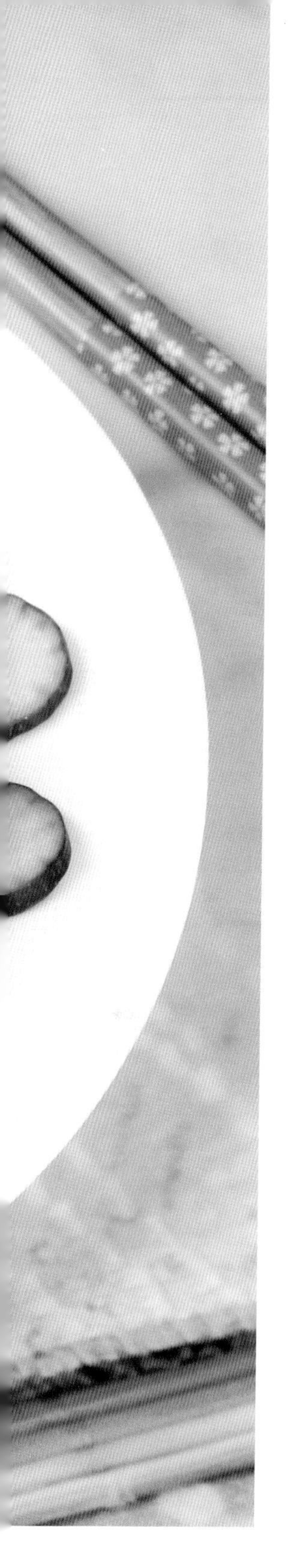

葱油拌羊肚

5分钟　　2人份

原料

熟羊肚…400克
大葱…50克
蒜末…少许

调料

食盐…2克
生抽…4毫升
陈醋…4毫升
葱油…适量
辣椒油…适量

/做法/

1. 将洗净的大葱切开，切成丝。
2. 洗净的羊肚切块，切成细条。
3. 锅中注入适量清水，大火烧开，放入切好的羊肚条，煮至沸。
4. 将羊肚条捞出，沥干水分。
5. 将羊肚条倒入备好的碗中，再加入大葱、蒜末。
6. 放入适量食盐、生抽、陈醋、葱油、辣椒油，拌匀，装盘即可。

小提示： 熟羊肚的表面比较光滑，切的时候注意不要切到手。

葱香拌兔丝

7分钟　2人份

原料

兔肉300克，彩椒50克，葱条20克，蒜末少许

调料

食盐、鸡粉各3克，生抽4毫升，陈醋8毫升，芝麻油少许

/做法/

1. 将洗净的彩椒切成丝；洗好的葱条切小段。
2. 锅中注入清水烧开，倒入洗净的兔肉，用中火煮约5分钟，至食材熟透，关火后捞出兔肉，放凉后切成肉丝。
3. 把肉丝装入碗中，倒入彩椒丝、蒜末，加入适量食盐、鸡粉、生抽、陈醋、芝麻油，拌匀，撒上葱段，拌匀。
4. 取一个干净的盘子，盛入拌好的菜肴，摆好盘即成。

海蜇黄瓜拌鸡丝

6分钟　3人份

原料

黄瓜180克，海蜇丝220克，熟鸡肉110克，蒜末、香菜各少许

调料

葡萄籽油5毫升，食盐、鸡粉、白糖各1克，陈醋、生抽各5毫升

/做法/

1. 洗净的黄瓜切成丝，整齐地摆入盘中；熟鸡肉撕成丝，待用。
2. 热水锅中倒入洗净的海蜇丝，汆煮一会儿去除杂质，捞出，沥干水分，装盘。
3. 取一碗，倒入汆好的海蜇丝，放入鸡肉丝，倒入蒜末，加入食盐、鸡粉、白糖、陈醋、葡萄籽油拌匀。
4. 往黄瓜丝上淋入生抽，放上拌好的鸡丝海蜇，再放上香菜点缀即可。

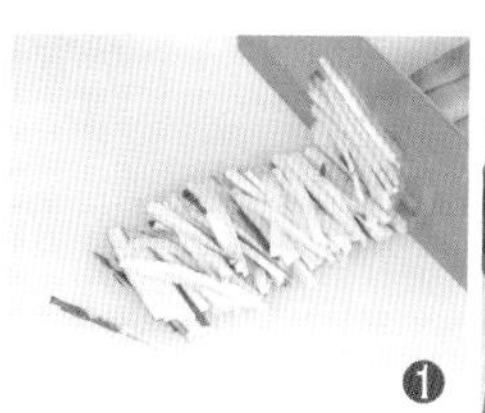

魔芋鸡丝荷兰豆

5分钟　2人份

原料

魔芋手卷100克，荷兰豆120克，熟鸡脯肉80克，红椒20克，蒜末、葱花各少许

调料

白糖2克，生抽5毫升，陈醋4毫升，芝麻油5毫升，食盐少许

/做法/

1. 将魔芋手卷的绳子解开；熟鸡脯肉切成细丝；洗净的红椒切成圈；处理好的荷兰豆切成丝。
2. 锅中注入清水烧开，倒入魔芋手卷，煮至其熟透后捞出；沸水锅中倒入荷兰豆丝，焯煮至断生，捞出。
3. 取一个碗，放入魔芋手卷、荷兰豆丝、鸡脯肉丝，加入食盐、白糖、生抽、陈醋、芝麻油，拌匀。
4. 将红椒圈摆在盘边一圈做装饰，盘中倒入拌好的魔芋手卷，撒上备好的蒜末、葱花即可。

茼蒿拌鸡丝

14分钟　　2人份

原料

鸡胸肉160克，茼蒿120克，彩椒50克，蒜末、熟白芝麻各少许

调料

食盐3克，鸡粉2克，生抽7毫升，水淀粉、芝麻油、食用油各适量

/做法/

1. 将洗净的茼蒿切成段；洗好的彩椒切成粗丝；洗净的鸡胸肉切成丝。
2. 鸡肉丝用食盐、鸡粉、水淀粉、食用油腌渍。
3. 锅中注入清水烧开，加入食用油、食盐、彩椒丝、茼蒿，拌匀，煮至食材断生后捞出；沸水锅中倒入鸡肉丝，煮至鸡肉丝熟软后捞出。
4. 碗中倒入彩椒丝、茼蒿、鸡肉丝、蒜末、食盐、鸡粉、生抽、芝麻油拌匀，盛盘，撒上熟白芝麻即可。

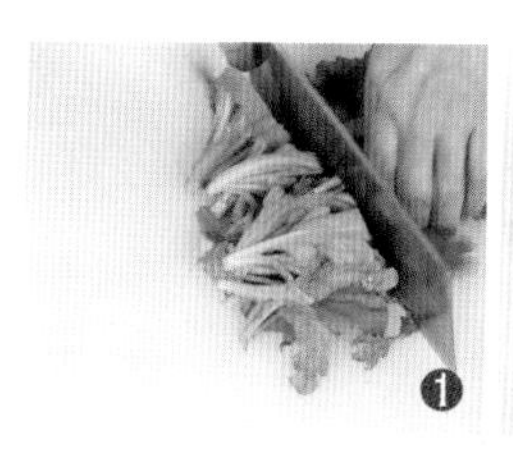

鸡丝茄子土豆泥

◷ 28分钟　　✕ 3人份

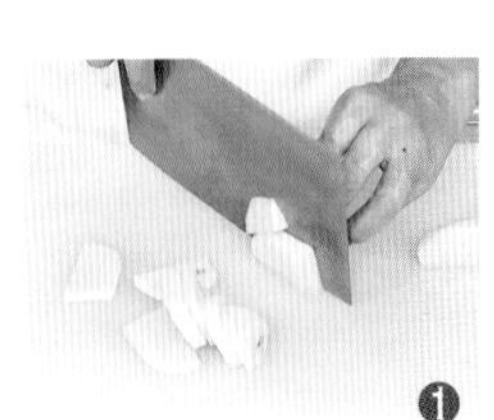

原料

土豆200克，茄子80克，鸡胸肉150克，香菜35克，蒜末、葱花各少许

调料

食盐2克，生抽4毫升，芝麻油适量

/做法/

1. 将去皮洗净的土豆切片。
2. 蒸锅上火烧开，放入土豆片、茄子、鸡胸肉，用大火蒸约25分钟，取出蒸好的材料。
3. 取放凉后的土豆片，压碎，呈泥状；放凉的茄子和鸡胸肉均撕成条，装入大碗中，撒上香菜，加入食盐、生抽、芝麻油、蒜末、葱花，拌匀。
4. 土豆泥装盘铺平，再盛入拌好的材料，摆好盘即可。

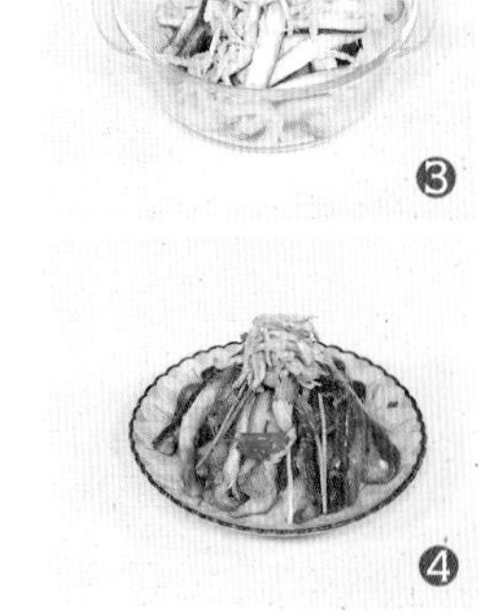

鸡肉拌黄瓜

2分钟　1人份

原料

黄瓜80克，熟鸡肉70克，香菜10克，红椒30克，蒜末20克

调料

白糖2克，芝麻油、食盐、鸡粉各适量

/做法/

1. 洗净的黄瓜切成粗丝；洗净的红椒切开去籽，切成丝；熟鸡肉用手撕成小块。
2. 取一个碗，倒入黄瓜丝、鸡肉块。
3. 再加入红椒丝、蒜末，再放入食盐、鸡粉、白糖，淋上少许芝麻油，搅拌匀。
4. 取一个干净的盘子，将拌好的食材倒入盘中，再放上备好的香菜即可。

凉拌手撕鸡

3分钟　1人份

原料 熟鸡胸肉160克，红椒、青椒各20克，葱花、姜末各少许

调料 食盐2克，鸡粉2克，生抽4毫升，芝麻油5毫升

/做法/

1. 洗好的红椒、青椒均切开，去籽，再切细丝；把熟鸡胸肉撕成细丝。
2. 取一个碗，倒入鸡肉丝、青椒丝、红椒丝、葱花、姜末。
3. 加入适量食盐、鸡粉、生抽、芝麻油，搅拌匀，至食材入味。
4. 将拌好的食材装入盘中即成。

香糟鸡条

154分钟　2人份

原料 鸡胸肉260克，醪糟100克，姜片、葱段各少许

调料 白酒12毫升，食盐2克，鸡粉2克，料酒8毫升

/做法/

1. 锅中注入清水烧热，倒入洗净的鸡胸肉，烧开后转小火煮约30分钟至熟，捞出鸡肉，放凉待用。
2. 取一个大碗，放入醪糟、姜片、葱段，加入白酒、开水、食盐、鸡粉、料酒，拌匀，调成味汁。
3. 将放凉的鸡胸肉切成条。
4. 再将鸡肉条放入味汁中，拌匀，腌渍约2小时，盛入盘中即成。

棒棒鸡

20分钟　2人份

原料

鸡胸肉350克，熟芝麻15克，蒜末、葱花各少许

调料

食盐4克，料酒10毫升，鸡粉2克，辣椒油5毫升，陈醋5毫升，芝麻酱10克

/做法/

1. 锅中注入清水烧开，放入整块鸡胸肉，放入食盐、料酒，用小火煮15分钟至熟，捞出鸡肉。
2. 将鸡胸肉置于案板上，用擀面杖敲打松散，再用手把鸡肉撕成鸡丝。
3. 鸡丝装碗，放入蒜末、葱花、食盐、鸡粉、辣椒油、陈醋、芝麻酱拌匀。
4. 装入盘中，撒上熟芝麻和葱花即可。

椒麻鸡片

30分钟　2人份

原料

鸡脯肉…250克
黄瓜…190克
花生碎…20克
葱段…少许
姜片…少许
蒜末…少许
葱花…少许

调料

芝麻酱…40克
鸡粉…2克
生抽…5毫升
陈醋…5毫升
辣椒油…3毫升
花椒油…4毫升
食盐…4克
白糖…3克
白醋…3毫升
料酒…4毫升

/做法/

1. 洗净的黄瓜对半切开，斜刀切成不断的花刀，再切段。
2. 黄瓜装入碗中，加入食盐，搅拌匀，腌渍5分钟，再加入白糖、白醋、生抽，搅拌均匀。
3. 锅中注入清水烧开，放入鸡脯肉、食盐、料酒，搅拌片刻。
4. 倒入备好的姜片、葱段，盖上锅盖，中火煮20分钟至食材熟透。
5. 取一个碗，放入花生碎、芝麻酱、食盐。
6. 再倒入鸡粉、生抽、陈醋、辣椒油、花椒油。
7. 注入少许清水，搅拌片刻，再加入蒜末、葱花，拌匀。
8. 将腌渍好的黄瓜摆入盘中，摆上调好的椒麻汁。
9. 掀开锅盖，将鸡肉捞出放凉，切成片，放在黄瓜上即可。

小提示：若喜欢爽脆的口感，可以将黄瓜腌渍的时间缩短。腌好的黄瓜冷藏一下口感更佳。

苦瓜拌鸡片

15分钟　2人份

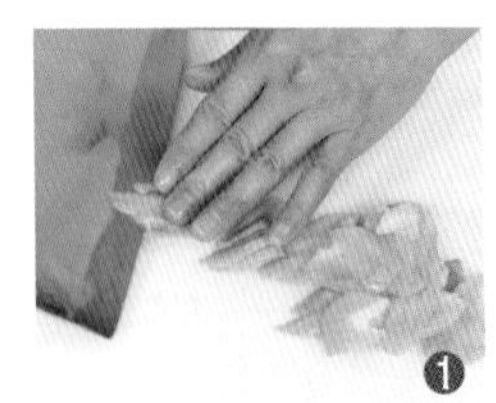

原料

苦瓜120克，鸡胸肉100克，彩椒25克，蒜末少许

调料

食盐3克，鸡粉2克，生抽3毫升，食粉、芝麻油、水淀粉、食用油各适量

/做法/

1. 洗净的苦瓜去籽切片；洗好的彩椒、鸡胸肉均切成片。
2. 将鸡胸肉片装入碗中，放入食盐、鸡粉、水淀粉、食用油，拌匀，腌渍10分钟至入味。
3. 锅中注入清水烧开，加入食用油、彩椒片，煮片刻，捞出彩椒；锅中加入食粉、苦瓜片，煮至苦瓜断生，捞出；用油起锅，倒入鸡肉片，滑油至转色，捞出。
4. 取一个大碗，倒入苦瓜、彩椒、鸡肉片、蒜末，加入食盐、鸡粉、生抽、芝麻油，拌匀，装入盘中即可。

西芹鸡片

18分钟　2人份

原料 鸡胸肉170克，西芹100克，花生碎30克，葱花少许

调料 食盐2克，鸡粉2克，料酒7毫升，生抽4毫升，辣椒油6毫升

/做法/

1. 锅中注入适量清水烧热，倒入鸡胸肉、料酒，煮15分钟至熟，捞出鸡肉；洗好的西芹用斜刀切成段；放凉的鸡胸肉切成片。
2. 锅中注入清水烧开，倒入西芹，拌匀，煮至熟，捞出。
3. 取一个小碗，加入食盐、鸡粉、生抽、辣椒油、花生碎、葱花，拌匀成味汁。
4. 另取一个盘子，倒入西芹，摆放整齐，放入鸡肉，摆放好，再浇上味汁即可。

西芹鸡胗

8分钟　2人份

原料 鸡胗180克，西芹100克，红椒20克，蒜末少许

调料 料酒3毫升，鸡粉2克，辣椒油4毫升，芝麻油2毫升，食盐、生抽、食用油各适量

/做法/

1. 洗净的西芹切成小块；洗好的红椒去籽，切成小块；洗净的鸡胗切成小块。
2. 锅中注入清水烧开，加入食用油、食盐、西芹、红椒，煮1分钟至熟，捞出。
3. 再向沸水锅中淋入生抽、料酒、鸡胗，搅匀，煮约5分钟至鸡胗熟透，捞出。
4. 把西芹和红椒倒入碗中，放入鸡胗、蒜末、食盐、鸡粉、生抽、辣椒油、芝麻油，拌匀，盛入盘中即可。

卤水拼盘

88分钟　4人份

原料

鸭肉…500克
猪耳…400克
猪肚…400克
老豆腐…380克
牛肉…350克
鸭胗…300克
熟鸡蛋…180克
姜片…30克
葱条…20克
香叶…少许
草果…少许
沙姜…少许
芫荽子…少许
红曲米…少许
花椒…少许
八角…少许
桂皮…少许

调料

食盐…20克
鸡粉…15克
白糖…30克
老抽…10毫升
生抽…20毫升
料酒…适量
食用油…适量

/做法/

1. 锅置火上，注入清水烧热，放入洗净的牛肉、鸭胗、猪耳、猪肚和鸭肉。
2. 煮沸后淋入适量料酒，拌匀，焯煮约1分钟，捞出材料，沥干水分。
3. 热锅注油烧热，放入老豆腐，炸约2分钟，捞出，沥干油。
4. 取隔渣袋，装入香叶、草果、沙姜、芫荽子、红曲米、花椒、八角和桂皮，制成香袋。
5. 锅中注入清水烧开，放入香袋、食盐、鸡粉、白糖。
6. 再倒入生抽、老抽，撒上姜片、葱条，倒入氽过水的食材，烧开后转小火卤约20分钟，关火后静置约30分钟。
7. 倒入熟鸡蛋和炸过的豆腐，拌匀，使其浸入卤水中。
8. 盖好盖，打开火，转小火再卤约15分钟，捞出卤好的食材，沥干卤水。
9. 把放凉后的食材逐一切成片状，摆盘，浇上少许卤汁即成。

车前草拌鸭肠

5分钟　　1人份

原料

鸭肠120克，车前草30克，枸杞子10克，蒜末少许

调料

食盐、鸡粉各1克，生抽、陈醋、芝麻油各5毫升

/做法/

1. 洗净的鸭肠切段。
2. 沸水锅中倒入切好的鸭肠，汆煮一会儿至去腥、断生，捞出鸭肠，沥干水分，装入碗中。
3. 鸭肠中倒入洗好的车前草，放入枸杞子，再倒入蒜末。
4. 加入食盐、鸡粉、生抽、芝麻油、陈醋，拌匀至入味，装入盘中即可。

老醋拌鸭掌

35分钟　2人份

原料

鸭掌200克，香菜10克，花生米15克

调料

食盐3克，卤水、白糖、鸡粉、生抽、陈醋、食用油各适量

/做法/

1. 洗净的香菜切成末。
2. 热锅注油烧热，倒入花生米，用小火炸约1分钟，捞出沥油，放凉后再去除表皮，拍破，再剁成碎末。
3. 另起汤锅，倒入卤水煮沸，放入洗净的鸭掌，卤30分钟至熟，捞出，放凉后剁去趾尖。
4. 将鸭掌放入碗中，加入白糖、生抽、陈醋、食盐、鸡粉、花生末，拌匀，倒入香菜末，搅拌均匀，盛入盘中即可。

炝拌鸭肝双花

5分钟　3人份

原料

西蓝花230克，白菜花260克，卤鸭肝150克，蒜末、葱花各少许

调料

生抽3毫升，鸡粉3克，陈醋10毫升，食盐2克，芝麻油7毫升，食用油适量

/做法/

1. 洗净的白菜花、西蓝花均切成小朵；卤鸭肝切成薄片。
2. 锅中注入清水烧开，加入食用油、鸡粉、食盐、白菜花，搅散，煮半分钟至其断生，放入西蓝花，煮约1分钟至食材熟软，捞出白菜花和西蓝花。
3. 碗中放入西蓝花、白菜花、鸭肝片，撒上蒜末、葱花。
4. 加入适量生抽、食盐、鸡粉、芝麻油、陈醋，拌匀，再装入盘中即可。

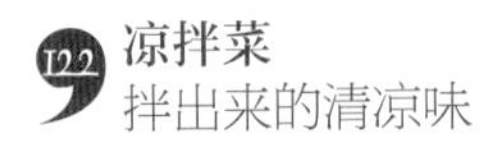

第5章

汇聚鲜滋味，就是让你流口水

无论是在国内，还是在国外的某些地区，都有“无鲜不成菜”的说法。人们对于美食的看法可能不同，但对于“鲜”的认识却高度统一。多数水产都是“鲜”的代表，譬如各种鱼类、虾类、贝类、海藻类。在成为“座上宾”之前，它们将经过炒、煮、蒸、凉拌等一番历练。鲜滋味好吃易做，回味无穷，尽在本章。

葱椒鱼片

20分钟　　1人份

原料

草鱼肉200克，鸡蛋清、生粉各适量，花椒、葱花各少许

调料

食盐2克，鸡粉2克，芝麻油7毫升，食用油适量

/做法/

1. 用油起锅，倒入花椒，用小火炸香，盛出。
2. 洗好的草鱼肉去除鱼皮，把鱼肉切片，装入碗中，加入1克食盐、鸡蛋清、生粉，拌匀，腌渍约15分钟。
3. 将花椒、葱花倒在砧板上，剁碎，放入小碗中，加1克食盐、鸡粉、芝麻油，拌匀，制成味汁。
4. 锅中注入清水烧开，放入鱼片，拌匀，煮至熟透，捞出，装入盘中，浇上味汁即成。

金枪鱼鸡蛋杯

◷ 6分钟　✂ 2人份

原料

金枪鱼肉60克，彩椒10克，洋葱20克，熟鸡蛋2个，沙拉酱30克，西蓝花120克

调料

黑胡椒粉、食用油各适量

/做法/

1. 熟鸡蛋对半切开，挖去蛋黄，留蛋白；洗净的彩椒切粒；洗好去皮的洋葱切粒；洗净的金枪鱼肉切丁。
2. 锅中注入清水烧开，淋入食用油，倒入西蓝花，煮约2分钟至断生，捞出西蓝花。
3. 将金枪鱼丁装入碗中，放入洋葱粒、彩椒粒、沙拉酱、黑胡椒粉，拌匀。
4. 将西蓝花摆入盘中，放上蛋白，再摆上余下的西蓝花，将拌好的金枪鱼放在蛋白中即可。

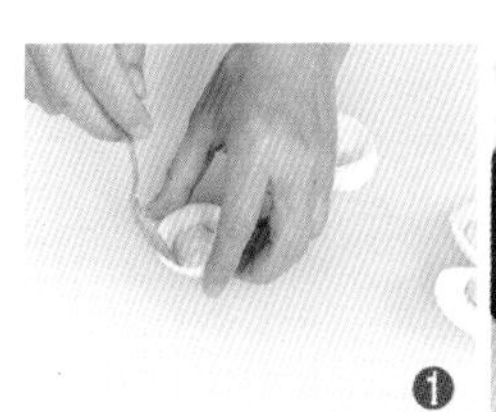

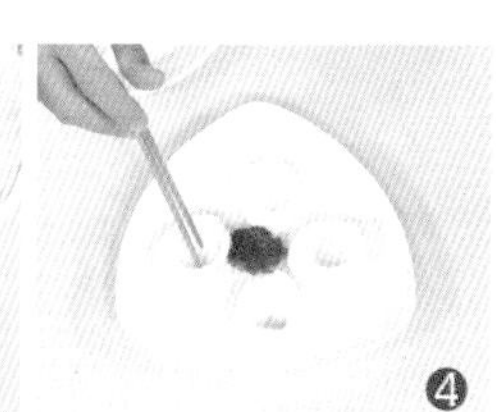

南乳墨鱼花

5分钟　2人份

原料

墨鱼500克，南乳20克，香菜少许

调料

料酒5毫升

/做法/

1. 处理好的墨鱼表面划上十字花刀，对半切开，再切成片，待用。
2. 锅中注入适量清水烧开，加入料酒、墨鱼，汆煮片刻，煮至转色，捞出墨鱼，装入盘中。
3. 将墨鱼倒入碗中，加入南乳，充分拌匀至入味。
4. 将墨鱼倒入盘中，点缀上香菜即可。

醋拌墨鱼卷

5分钟　1人份

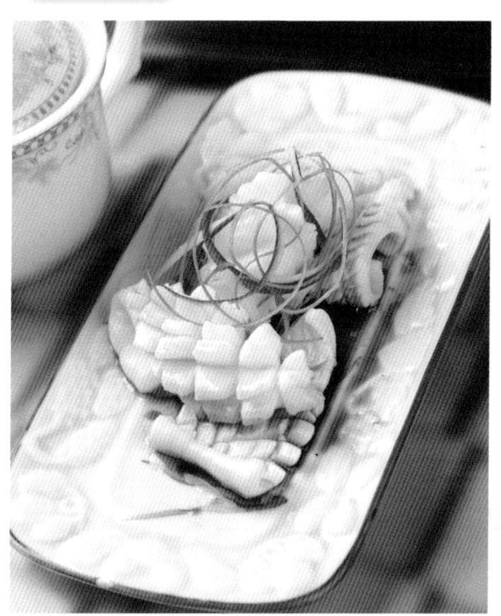

原料 墨鱼100克，姜丝、葱丝、红椒丝各少许

调料 食盐2克，鸡粉3克，芝麻油、陈醋各适量

/做法/

1. 处理好的墨鱼切上花刀，再切成小块。
2. 锅中注入清水烧开，倒入墨鱼，煮一会儿至其熟透，捞出墨鱼，装入盘中。
3. 取一个碗，加入食盐、陈醋，放入鸡粉，淋入芝麻油，拌匀，制成酱汁。
4. 把酱汁浇在墨鱼上，放上葱丝、姜丝、红椒丝即可。

拌鱿鱼丝

6分钟　2人份

原料 鱿鱼肉120克，黄瓜160克

调料 食盐1克，鸡粉1克，料酒4毫升，生抽3毫升，花椒油3毫升，辣椒油5毫升，陈醋4毫升

/做法/

1. 洗净的黄瓜切段，再切片，改切成细丝，装盘；洗好的鱿鱼肉切成粗丝。
2. 锅中注入清水烧开，加入料酒，倒入鱿鱼，煮至熟透，捞出鱿鱼，沥干水分，放入装有黄瓜的盘中。
3. 取一个小碗，加入食盐、鸡粉、生抽、花椒油、辣椒油、陈醋，搅拌均匀，调成味汁。
4. 将味汁浇在食材上即可。

五彩银针鱿鱼

5分钟　2人份

原料

鱿鱼…150克
黄豆芽…50克
水发黑木耳…20克
洋葱丝…15克
红椒丝…30克
黄瓜丝…30克

调料

食盐…3克
白糖…2克
生抽…3毫升
芝麻油…3毫升

/做法/

1. 处理干净的鱿鱼切成两块，再切成小条。
2. 泡好的黑木耳切碎。
3. 沸水锅中倒入切好的鱿鱼条、木耳碎。
4. 放入洗净的黄豆芽、红椒丝。
5. 汆烫约1分钟至食材断生。
6. 捞出汆烫好的食材，沥干水分，装入碗中，待用。
7. 往汆烫好的食材里放入备好的洋葱丝、黄瓜丝。
8. 加入食盐、白糖、生抽、芝麻油，充分拌匀至食材入味。
9. 将拌匀的食材装盘即可。

小提示：口味偏辣者，可以加入少许的辣椒油，拌制后食用。

椒油鱿鱼卷

6分钟　2人份

原料

鱿鱼肉135克，西芹95克，红椒20克

调料

食盐、鸡粉各2克，芝麻油6毫升

/做法/

1. 洗好的西芹用斜刀切段；洗净的红椒切块；洗好的鱿鱼肉切网格花刀，再切小块。
2. 锅中注入清水烧开，倒入西芹段，略煮，放入红椒片，煮至断生，捞出西芹段和红椒片。
3. 锅中注入适量清水，大火烧开，倒入鱿鱼，煮至鱿鱼肉卷起，捞出鱿鱼。
4. 取一个大碗，倒入西芹段、红椒块、鱿鱼，加入食盐、鸡粉、芝麻油，拌匀，至食材入味，盛入盘中即可。

豉汁鱿鱼筒

7分钟　2人份

原料

鱿鱼200克，豆豉30克，白芝麻15克，西蓝花150克

调料

白糖3克，鸡粉2克，生抽5毫升，食盐、食用油各少许

/做法/

1. 洗净的西蓝花切成小朵。
2. 锅中注入清水烧热，加入食盐，倒入鱿鱼，搅拌片刻去腥，捞出鱿鱼；锅中再倒入少许食用油，放入西蓝花，焯煮至断生，捞出。
3. 将汆好的鱿鱼切成圈，鱿鱼须切段，放入盘中，边上摆上西蓝花。
4. 热锅注油，倒入豆豉，炒香，加入生抽、清水、白糖、鸡粉，拌匀成味汁，浇在鱿鱼上，撒上白芝麻即可。

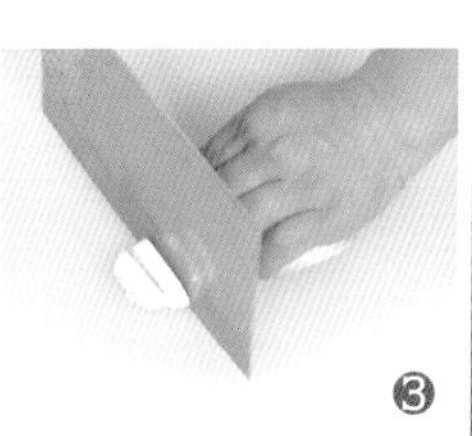

日式梅肉沙司拌章鱼秋葵

5分钟　2人份

原料

章鱼…120克
秋葵…4个
梅干…3个
豆苗…140克
朝天椒圈…4克
木鱼花…适量

调料

高汤…20毫升
椰子油…3毫升
凉开水…10毫升

/做法/

1. 洗净的豆苗切小段；去柄去尾的秋葵切片。
2. 洗净的章鱼将头部和须分离，章鱼须切成小段，划开章鱼头，取出杂质，洗净后切条。
3. 锅中注水烧开，放入切好的章鱼，汆烫1分钟至熟。
4. 关火后捞出汆熟的章鱼，放入凉开水中降温。
5. 捞出降温好的章鱼，沥干水分，装碗待用。
6. 取大碗，倒入椰子油、凉开水、高汤。
7. 加入木鱼花、梅干，拌匀。
8. 倒入凉透的章鱼，加入切好的秋葵片，拌匀。
9. 将切好的豆苗铺在盘底，再倒入拌匀的食材，放上朝天椒圈即可。

小提示：凉拌的时候可以放入少许陈醋，更能促进食欲。

凉拌八爪鱼

◷ 8分钟　✕ 2人份

原料

八爪鱼…230克
红椒粒…35克
姜末…少许
蒜末…少许
葱花…少许

调料

生抽…5毫升
食盐…2克
料酒…4毫升
胡椒粉…少许
食用油…适量

/做法/

1. 锅中注入清水烧开，放入备好的八爪鱼，淋入料酒，搅拌片刻。
2. 盖上锅盖，汆煮至断生，捞出八爪鱼，沥干水分。
3. 放凉后将八爪鱼切成小块，待用。
4. 八爪鱼装入碗中，放入食盐、生抽、胡椒粉，拌匀。
5. 倒入蒜末、姜末、葱花、红椒粒。
6. 热锅注油烧热，浇在八爪鱼上，拌匀，装入盘中即可。

小提示： 八爪鱼汆水时可以加点醋，口感会更好。

蟹柳拌滑菇

5分钟　2人份

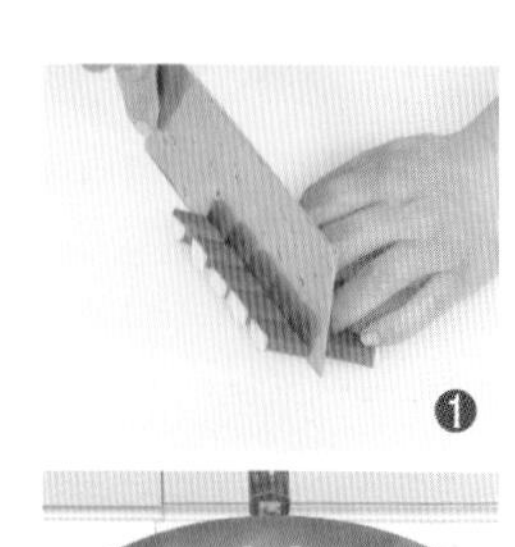

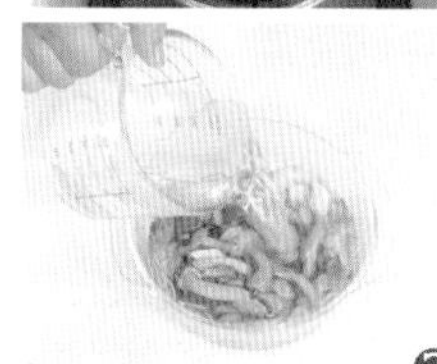

原料

蟹柳100克，滑子菇200克，青椒30克，红椒20克

调料

食盐2克，鸡粉2克，白糖2克，陈醋3毫升，芝麻油2毫升，红油4毫升

/做法/

1. 蟹柳斜刀切成小段；洗净的红椒、青椒均去籽，切成小块，待用。
2. 锅中注入清水烧开，倒入滑子菇、蟹柳段、青椒块、红椒块，汆煮至断生，捞出，沥干水分，装入碗中。
3. 碗中加入适量清水，搅拌片刻至凉，将食材捞出，再装入另一个碗中，加入食盐、鸡粉、白糖。
4. 淋入陈醋、芝麻油、红油，搅拌均匀，倒入盘中即可。

醋拌海参

5分钟　2人份

原料

海参300克，葱花、蒜末各少许

调料

食盐、白糖各3克，生抽、料酒、陈醋、芝麻油各5毫升

/做法/

1. 洗净的海参切粗条，刮去表面的杂质，改切成小段。
2. 沸水锅中倒入海参段，淋上料酒，拌匀，汆煮片刻，捞出海参段，装盘待用。
3. 将海参倒入碗中，放入蒜末、葱花。
4. 加入食盐、生抽、陈醋、芝麻油、白糖，搅拌至入味，倒入备好的盘中即可。

凉拌杂菜北极贝

6分钟　　2人份

原料

胡萝卜80克，黄瓜70克，北极贝50克，苦菊40克

调料

白糖2克，胡椒粉少许，芝麻油、橄榄油各适量

/做法/

1. 将去皮洗净的胡萝卜切成片；洗好的黄瓜切成片。
2. 取一大碗，倒入胡萝卜片、黄瓜片，放入备好的北极贝，加入白糖。
3. 撒上少许胡椒粉，注入适量芝麻油、橄榄油，快速搅拌一会儿，至食材入味。
4. 另取一盘子，放入洗净的苦菊，铺放好，再盛入拌好的食材，摆好盘即成。

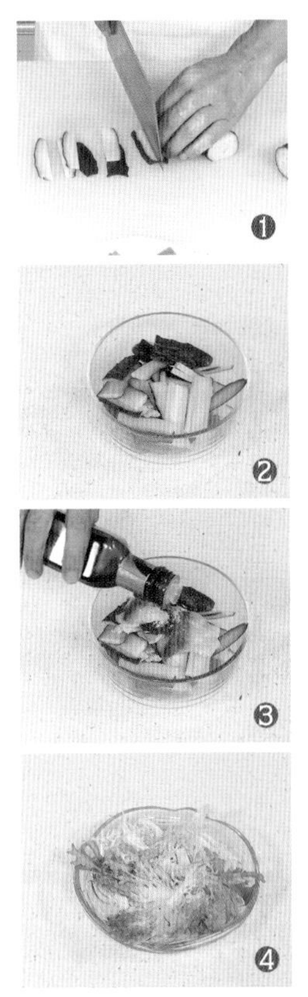

芥辣荷兰豆拌螺肉

5分钟　2人份

原料

水发螺肉200克，荷兰豆250克

调料

芥末膏15克，生抽8毫升，芝麻油3毫升

/做法/

1. 处理好的荷兰豆切成段；泡发好的螺肉切成小块。
2. 锅中注入清水，烧开，倒入荷兰豆段，汆煮片刻至断生，捞出；再将螺肉倒入锅中，搅匀，汆煮片刻，捞出，沥干水分。
3. 取一个盘中，摆上荷兰豆、螺肉；在芥末膏中倒入生抽、芝麻油，搅匀，制成酱汁。
4. 将调好的酱汁浇在食材上即可。

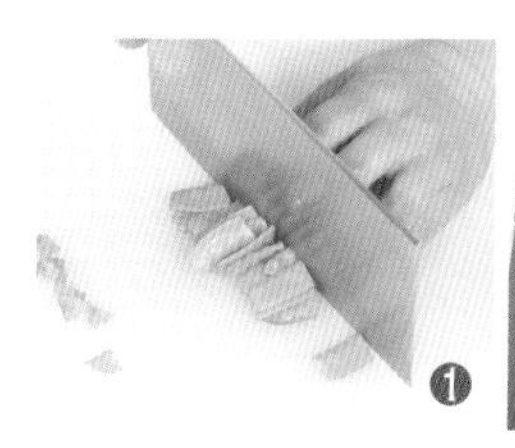

香菜拌血蛤

5分钟　2人份

原料

血蛤400克，香菜少许

调料

食盐2克，生抽6毫升，鸡粉2克，芝麻油4毫升，陈醋3毫升

/做法/

1. 洗好的香菜切成小段，备用。
2. 锅中注入清水烧开，倒入洗好的血蛤，略煮一会儿，捞出，沥干水分。
3. 将血蛤去壳，取出血蛤肉，装入碗中，倒入香菜，放入食盐、生抽、鸡粉。
4. 再淋入芝麻油、陈醋，搅拌均匀，装入盘中即可。

毛蛤拌菠菜

4分钟　2人份

原料

毛蛤300克，菠菜120克，彩椒丝40克，蒜末少许

调料

食盐3克，鸡粉2克，生抽4毫升，陈醋10毫升，芝麻油、食用油各适量

/做法/

1. 将洗净的菠菜切去根部，再切成小段。
2. 锅中注入清水烧开，加入食用油、菠菜段、彩椒丝，搅匀，煮至断生后捞出；再倒入洗净的毛蛤，煮至熟透后捞出。
3. 碗中放入菠菜段、彩椒丝、蒜末、毛蛤、生抽、食盐、鸡粉、陈醋、芝麻油拌匀。
4. 再取一个干净的盘子，盛入拌好的食材，摆好盘即成。

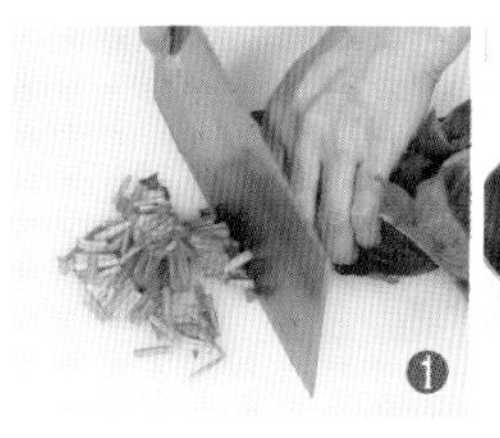

蒜香拌蛤蜊

5分钟　2人份

原料

莴笋120克，水发木耳40克，彩椒70克，蛤蜊肉70克，蒜末少许

调料

食盐3克，白糖3克，陈醋5毫升，蒸鱼豉油、芝麻油各2毫升，食用油适量

/做法/

1. 洗好的木耳切小块；洗净去皮的莴笋切片；洗好的彩椒切小块。
2. 锅中注入清水烧开，放1克食盐、食用油，倒入莴笋、木耳、彩椒、蛤蜊肉，煮至食材熟透，捞出。
3. 把汆好的食材倒入碗中，放入蒜末、白糖、陈醋、2克食盐、蒸鱼豉油、芝麻油拌匀，装盘即可。

淡菜拌菠菜

4分钟　2人份

原料 水发淡菜70克，菠菜300克，彩椒、香菜、姜丝、蒜末各适量

调料 食盐、鸡粉各4克，料酒、生抽各5毫升，芝麻油2毫升，食用油适量

/做法/

1. 洗好的菠菜切成段；洗净的彩椒去籽，切丝；洗好的香菜切段。
2. 锅中注水烧开，放入食用油、2克食盐、2克鸡粉、淡菜、料酒，煮1分钟，捞出淡菜；将菠菜倒入沸水中，加入彩椒，焯熟捞出。
3. 将菠菜和彩椒装入碗中，倒入淡菜、姜丝、蒜末、香菜。
4. 加入2克食盐、2克鸡粉、生抽、芝麻油，拌匀，装入盘中即可。

原料 黄瓜200克，花甲肉90克，香菜15克，胡萝卜100克，姜末、蒜末各少许

调料 食盐3克，鸡粉2克，料酒8毫升，白糖3克，生抽8毫升，陈醋8毫升，芝麻油2毫升

黄瓜拌花甲肉

4分钟　2人份

/做法/

1. 洗净去皮的胡萝卜切成丝；洗好的香菜切成段；洗净的黄瓜切成丝。
2. 砂锅中注入清水烧开，放入料酒、1克食盐、胡萝卜丝、花甲肉，拌匀，煮1分钟至熟，捞出食材。
3. 把黄瓜丝装入碗中，加入胡萝卜丝和花甲肉，倒入姜末、蒜末、香菜。
4. 放入2克食盐、鸡粉、白糖、生抽、陈醋、芝麻油拌匀，装入盘中即可。

老虎菜拌海蜇皮

4分钟　4人份

原料

海蜇皮…250克
黄瓜…200克
青椒…50克
红椒…60克
洋葱…180克
西红柿…150克
香菜…少许

调料

生抽…5毫升
陈醋…5毫升
白糖…3克
芝麻油…3毫升
辣椒油…3毫升

/做法/

1. 洗净的西红柿对半切开，切成片；洗净的黄瓜切成片，再切丝，待用。
2. 洗净的青椒切开去籽，切成丝。
3. 洗净的红椒切开去籽，切成丝。
4. 处理好的洋葱切成丝。
5. 锅中注入清水烧开，倒入海蜇皮，搅匀汆煮片刻，捞出，沥干水分。
6. 将海蜇皮装入碗中，淋入生抽、陈醋。
7. 加入白糖、芝麻油、辣椒油，倒入香菜，拌匀。
8. 取一个盘子，摆上西红柿片、洋葱丝、黄瓜丝。
9. 再放上青椒丝、红椒丝，倒入海蜇皮即可。

小提示：汆完水后的海蜇皮可以放入凉水中浸泡一会儿，口感会更爽脆。

醋香芹菜蜇皮

5分钟　　2人份

原料

海蜇皮250克，芹菜150克，香菜、蒜末各少许

调料

生抽5毫升，陈醋5毫升，辣椒油4毫升，白糖2克，芝麻油5毫升，食盐、食用油各适量

/做法/

1. 择洗好的芹菜切成段。
2. 锅中注入清水烧开，倒入海蜇皮，煮至断生，捞出；沸水中再加入食盐、食用油、芹菜，焯煮片刻，捞出芹菜，放入盘中。
3. 取一个碗，倒入海蜇皮、蒜末，再放入生抽、陈醋、白糖、芝麻油、辣椒油搅匀。
4. 倒入香菜，搅拌片刻，将拌好的海蜇皮倒在芹菜上即可。

白菜梗拌海蜇

6分钟　2人份

原料

海蜇200克，白菜150克，胡萝卜40克，蒜末、香菜各少许

调料

食盐1克，鸡粉2克，料酒4毫升，陈醋4毫升，芝麻油6毫升，辣椒油5毫升

/做法/

1. 洗净的白菜去除根部，再切细丝；洗好的胡萝卜切成细丝；洗净的香菜切碎；洗好的海蜇切丝。
2. 锅中注入清水烧开，倒入海蜇丝、料酒，拌匀，煮约1分钟，放入白菜丝、胡萝卜丝，煮至食材熟软，捞出。
3. 将汆过水的材料倒入碗中，撒上蒜末、香菜末，加入食盐、鸡粉、陈醋、芝麻油、辣椒油拌匀。
4. 取一个干净的盘子，盛入拌好的食材，摆好即可。

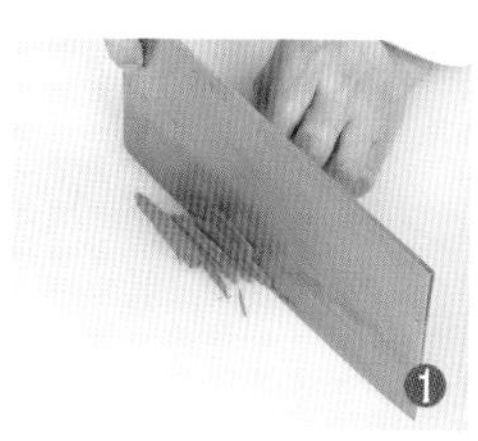

蒜泥海蜇萝卜丝

5分钟　2人份

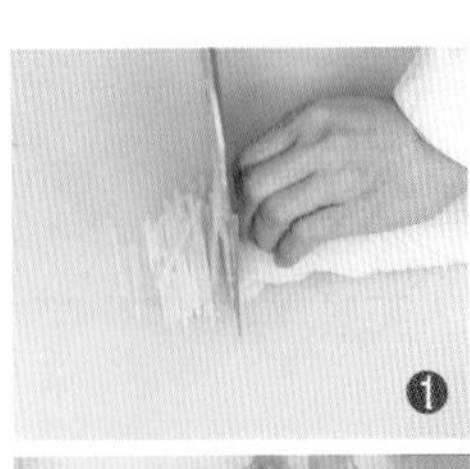

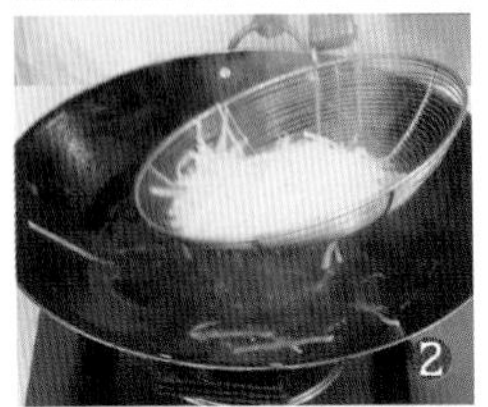

原料

白萝卜300克，海蜇170克，彩椒、蒜末、葱花各少许

调料

食盐2克，鸡粉3克，生抽3毫升，芝麻油适量

/做法/

1. 洗净去皮的白萝卜切成细丝；洗好的海蜇、彩椒均切成细丝。
2. 锅中注入清水烧开，倒入白萝卜，煮至其断生，捞出；沸水锅中倒入海蜇，拌匀，煮约1分钟至其熟软，捞出。
3. 将萝卜丝装入碗中，加入食盐、鸡粉、芝麻油，撒上部分蒜末、葱花，拌匀。
4. 另取一个碗，倒入海蜇、彩椒、蒜末、葱花，加入生抽、鸡粉、芝麻油，拌匀，放入用萝卜丝垫底的盘子中即可。

桔梗拌海蜇

2分钟　1人份

原料 水发桔梗100克，熟海蜇丝85克，葱丝、红椒丝各少许

调料 食盐、白糖各2克，胡椒粉、鸡粉各适量，生抽5毫升，陈醋12毫升

/做法/

1. 将洗净的桔梗切细丝，备用。
2. 取一个碗，放入桔梗丝、熟海蜇丝，加入食盐、白糖、鸡粉、生抽。
3. 再倒入陈醋，撒上适量胡椒粉，搅拌一会儿，至食材入味。
4. 将拌好的菜肴盛入盘中，点缀上葱丝、红椒丝即可。

木耳拌海蜇

4分钟　2人份

原料 水发黑木耳40克，水发海蜇120克，胡萝卜80克，西芹80克，香菜20克，蒜末少许

调料 食盐1克，鸡粉2克，白糖4克，陈醋6毫升，芝麻油2毫升，食用油适量

/做法/

1. 洗净去皮的胡萝卜切成丝；洗好的黑木耳切成小块；洗好的香菜切成末；洗净的海蜇、西芹均切成丝。
2. 锅中注水烧开，放入海蜇丝，煮约2分钟，放入胡萝卜、黑木耳、食用油，再煮1分钟，放入西芹，略煮一会儿，捞出。
3. 煮好的食材装碗，放入蒜末、香菜。
4. 加入白糖、食盐、鸡粉、陈醋、芝麻油，拌匀，装入盘中即可。

虾皮老虎菜

4分钟　2人份

原料

香菜50克，大葱60克，青椒70克，红椒40克，虾皮30克

调料

食盐2克，鸡粉2克，白糖3克，白醋4毫升，芝麻油3毫升

/做法/

1. 洗好的香菜切段；处理好的大葱对半切开，切成丝；洗净的青椒、红椒均去籽，切成丝。
2. 取一个碗，放入青椒丝、大葱丝、香菜段、红椒丝。
3. 加入食盐、白糖、白醋、芝麻油、鸡粉，拌匀。
4. 倒入洗好的虾皮，搅拌匀，装入盘中即可。

海带丝拌菠菜

4分钟　2人份

原料

海带丝230克，菠菜85克，熟白芝麻15克，胡萝卜25克，蒜末少许

调料

食盐2克，鸡粉2克，生抽4毫升，芝麻油6毫升，食用油适量

/做法/

1. 洗好的海带丝切成段；去皮的胡萝卜切成细丝。
2. 锅中注入清水烧开，倒入海带、胡萝卜、食用油，煮至断生，捞出食材；另起锅，注入清水烧开，倒入菠菜、食用油，煮至断生，捞出菠菜。
3. 取一个大碗，倒入海带、胡萝卜、菠菜、蒜末，加入食盐、鸡粉、生抽、芝麻油。
4. 撒上熟白芝麻，搅拌均匀，盛入盘中即可。

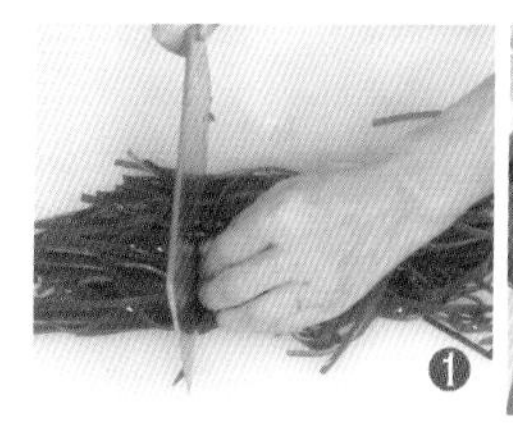

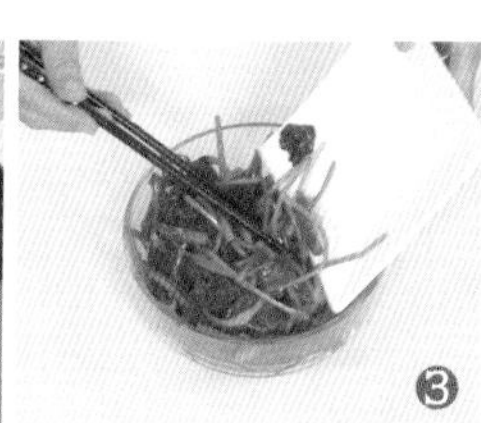

芝麻双丝海带

5分钟　2人份

原料

水发海带85克，青椒45克，红椒25克，姜丝、葱丝、熟白芝麻各少许

调料

食盐、鸡粉各2克，生抽4毫升，陈醋7毫升，辣椒油6毫升，芝麻油5毫升

/做法/

1. 红、青椒均洗净切开，去籽，切细丝；海带洗净切长段。
2. 锅中注入清水烧开，倒入海带拌匀，煮至断生，放入青椒丝、红椒丝，略煮片刻，捞出食材，沥干水分。
3. 取一个大碗，倒入焯过水的材料、姜丝、葱丝，加入食盐、鸡粉、生抽、陈醋、辣椒油、芝麻油，拌匀。
4. 撒上熟白芝麻，快速拌匀，盛入盘中即可。

第6章

爽口素拌，原来蔬食也如此美味

凉拌蔬菜，通常都是低油低盐低脂，清新爽口又解腻，而且制作起来一点儿也不费时间，非常受爱美食、爱烹饪、崇尚健康人士的追捧。各种蔬菜缤纷多彩，清爽不腻，相比热菜，凉拌能带来更接近原味的感受。在炎炎夏日，找些简单的蔬菜，加些喜欢的调味料拌一拌，一份清爽、美滋滋的心情贯穿始终。

姜汁拌空心菜

6分钟　　2人份

原料

空心菜500克，姜汁20毫升，红椒片适量

调料

食盐3克，陈醋、芝麻油、食用油各适量

/做法/

1. 洗净的空心菜切大段，备用。
2. 锅中注入清水烧开，倒入空心菜梗、食用油，拌匀，放入空心菜叶，略煮片刻，加入1克食盐，拌匀，捞出装盘，放凉待用。
3. 取一个碗，倒入姜汁，放入2克食盐、陈醋、芝麻油，搅拌均匀制成酱汁。
4. 将酱汁浇在空心菜上，放上红椒片即可。

上海青拌海米

4分钟　2人份

原料

上海青125克，熟海米35克，姜末、葱末各少许

调料

食盐2克，白糖2克，陈醋10毫升，鸡粉2克，芝麻油8毫升，食用油适量

/做法/

1. 洗净的上海青切去根部，再切成两段。
2. 锅中注入适量清水烧开，放入上海青梗，淋入少许食用油，煮至断生，放入菜叶，拌匀，煮至软，捞出焯煮好的上海青，沥干水分。
3. 取一个碗，倒入上海青，撒上姜末、葱末，放入食盐、白糖、陈醋、鸡粉、芝麻油，拌匀。
4. 加入熟海米，搅拌均匀，将拌好的菜肴装入盘中即可。

油淋菠菜

4分钟　1人份

原料

菠菜150克，剁椒20克，葱花少许

调料

食盐1克，食用油适量

/做法/

1. 锅中注入清水烧开，加入食盐、食用油。
2. 倒入洗净的菠菜，汆煮片刻至断生。
3. 捞出汆好的菠菜，稍放凉后挤干水分，摆盘，撒上葱花，放上剁椒。
4. 锅中注入油，烧至六成热，起锅后浇在菠菜上，食用时搅拌均匀即可。

糖醋菠菜

4分钟　2人份

原料

菠菜280克，姜丝25克，干辣椒丝10克

调料

白糖2克，白醋10毫升，食盐、食用油、花椒粒各适量

/做法/

1. 洗好的菠菜切去根部，再切成长段。
2. 锅中注入清水烧开，倒入菠菜段，汆煮至断生，捞出，沥干水分，装入盘中，铺上姜丝、干辣椒丝。
3. 锅中注入清水，加入食盐、白糖、白醋，拌匀成糖醋汁，浇在菠菜上。
4. 另起锅注入食用油，倒入花椒粒，爆香，炸好后将花椒粒捞出，将热油浇在菠菜上即可。

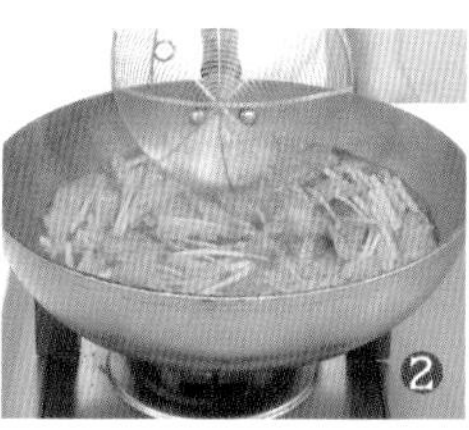

枸杞拌菠菜

5分钟　2人份

原料

菠菜230克，枸杞子20克，蒜末少许

调料

食盐2克，鸡粉2克，蚝油10克，芝麻油3毫升，食用油适量

/做法/

1. 择洗干净的菠菜切去根部，再切成段。
2. 锅中注入清水烧开，淋入食用油，倒入枸杞子，焯煮片刻，捞出；把菠菜倒入沸水锅中，拌匀，煮1分钟，至食材断生，捞出。
3. 把焯好的菠菜倒入碗中，放入蒜末、枸杞子。
4. 加入食盐、鸡粉、蚝油、芝麻油，拌匀，装入盘中即可。

姜汁拌菠菜

4分钟　2人份

原料

菠菜300克，姜末、蒜末各少许

调料

南瓜子油18毫升，食盐2克，鸡粉2克，生抽5毫升

/做法/

1. 洗净的菠菜切成段，待用。
2. 沸水锅中加入1克食盐，淋入8毫升南瓜子油，倒入菠菜，汆煮至断生，捞出菠菜，沥干水分。
3. 往汆煮好的菠菜中倒入姜末、蒜末，再倒入10毫升南瓜子油。
4. 加入2克食盐、鸡粉、生抽，搅拌均匀，装入盘中即可。

凉拌田七叶

1分钟　　1人份

原料

田七叶150克，蒜末、葱花、熟白芝麻各适量

调料

食盐2克，鸡粉2克，芝麻油4毫升

/做法/

1. 取一个干净的碗，倒入田七叶、蒜末、葱花。
2. 加入食盐、鸡粉、芝麻油，搅拌均匀。
3. 将拌好的田七叶装入盘中。
4. 撒上备好的熟白芝麻即可。

田七拌木耳

4分钟　1人份

原料

田七叶100克，水发木耳80克，蒜末少许

调料

食盐2克，鸡粉2克，白糖2克，生抽4毫升，陈醋3毫升，芝麻油3毫升

/做法/

1. 锅中注入适量的清水，大火烧开。
2. 放入处理好的木耳，汆煮至断生，捞出木耳，再过一遍凉水。
3. 取一个干净的碗，倒入木耳、田七叶、蒜末。
4. 放入食盐、鸡粉、白糖、生抽、陈醋、芝麻油，拌匀，装入盘中即可。

北京辣白菜

245分钟　　2人份

原料

娃娃菜…170克
干辣椒…30克
花椒…15克
去皮生姜…30克
白糖…30克
白醋…20毫升

调料

食盐…5克
辣椒油…适量
食用油…适量

/做法/

1. 生姜切成丝；洗净的娃娃菜切细条。
2. 将娃娃菜装入大碗，加食盐拌匀，腌渍至娃娃菜水分析出，滤去水分。
3. 将娃娃菜装碗，放入白糖，倒入白醋，拌匀。
4. 放入切好的姜丝，拌匀，待用。
5. 用油起锅，倒入花椒、干辣椒，爆香，加入辣椒油，翻炒均匀。
6. 关火后将辣油浇在娃娃菜上，拌匀，封上保鲜膜，腌渍4小时至入味，揭开保鲜膜，将腌好的辣白菜装盘即可。

小提示： 滤水时可以用手压一压娃娃菜，以便挤出全部水分。

芥末墩儿

6分钟　2人份

原料

白菜170克，芥末20克

调料

食盐、白糖各1克，米醋、生抽各5毫升

/做法/

1. 洗净的白菜切大块。
2. 沸水锅中倒入白菜，汆烫约2分钟至断生，捞出汆烫好的白菜，沥干水分，装盘待用。
3. 将白菜卷起，用牙签固定好，装盘待用。
4. 芥末中加入食盐、白糖，放入米醋和生抽，稍稍拌匀成芥末蘸料，食用白菜时蘸取即可。

蛋丝拌韭菜

5分钟　1人份

原料

韭菜80克，鸡蛋1个，生姜15克，白芝麻、蒜末各适量

调料

白糖、鸡粉各1克，生抽、香醋、花椒油、芝麻油各5毫升，辣椒油10毫升，食用油适量

/做法/

1. 韭菜洗净，氽水至断生，捞出，放凉后切小段；洗净的生姜切成末；鸡蛋打入碗中，搅散。
2. 用油起锅，倒入蛋液，煎约2分钟，煎至两面微焦，盛出，切成丝，装碗。
3. 碗中倒入姜末、蒜末，加入生抽、白糖、鸡粉、香醋、花椒油、辣椒油、芝麻油，拌匀成酱汁。
4. 取一碗，倒入韭菜段、蛋丝、白芝麻、酱汁，拌匀，装入盘中，再撒上白芝麻即可。

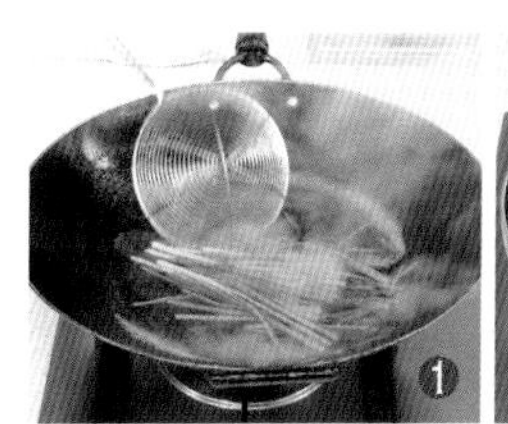

凉拌芹菜叶

8分钟　1人份

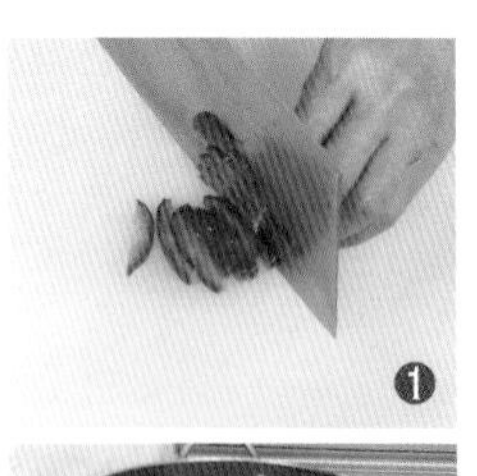

原料

芹菜叶100克，彩椒15克，白芝麻20克

调料

食盐3克，鸡粉2克，陈醋10毫升，食用油少许

/做法/

1. 洗净的彩椒切成粗丝。
2. 炒锅置于火上，烧干水分，倒入备好的白芝麻，用小火翻炒片刻，至其色泽微黄，关火后盛出白芝麻。
3. 另起锅，注入清水烧开，加入食用油、1克食盐，放入芹菜叶，煮约半分钟，至食材断生后捞出；沸水锅中再倒入彩椒丝，拌匀，煮约半分钟，至食材熟软后捞出。
4. 将芹菜叶装入碗中，倒入彩椒丝，加入2克食盐、陈醋、鸡粉，拌匀，盛入干净的盘子中，撒上白芝麻即可。

凉拌嫩芹菜

5分钟　1人份

原料 芹菜80克，胡萝卜30克，蒜末、葱花各少许

调料 食盐3克，鸡粉少许，芝麻油5毫升，食用油适量

/做法/

1. 把洗好的芹菜切成小段；去皮洗净的胡萝卜切成细丝。
2. 锅中注入清水烧开，放入食用油、食盐、胡萝卜丝、芹菜段，拌匀，煮至食材断生，捞出。
3. 将沥干水的食材放入碗中，加入食盐、鸡粉，撒上蒜末、葱花。
4. 再淋入芝麻油，搅拌均匀，将拌好的食材装在碗中即可。

黑蒜拌芹菜

5分钟　2人份

原料 芹菜300克，红彩椒40克，黑蒜70克

调料 食盐2克，鸡粉、白糖各1克，芝麻油5毫升，食用油适量

/做法/

1. 洗净的芹菜切段；洗好的红彩椒切成段；黑蒜用刀拍扁，切碎。
2. 锅中注水烧开，加入1克食盐、食用油、芹菜，拌匀，汆煮至断生，倒入红彩椒段，汆煮片刻，捞出汆好的蔬菜，沥干水分。
3. 往汆好的蔬菜里加入1克食盐、鸡粉、白糖、芝麻油，拌匀。
4. 将拌好的蔬菜装盘，放上切碎的黑蒜即可。

凉拌菜

拌出来的清凉味

炝拌生菜

4分钟　1人份

原料

生菜…150克

蒜瓣…30克

干辣椒…少许

调料

生抽…4毫升

白醋…6毫升

鸡粉…2克

食盐…2克

食用油…适量

/做法/

1. 将洗净的生菜叶取下，撕成小块。
2. 把蒜瓣切成薄片，再切细末。
3. 将蒜末放入碗中，加入生抽、白醋、鸡粉、食盐，拌匀。
4. 用油起锅，倒入干辣椒，炝出辣味。
5. 关火后盛入碗中，制成味汁，待用。
6. 取一个盘子，放入生菜，摆放好，浇上味汁即可。

小提示：生菜可以用自来水多冲洗几次，以清除残留的农药。

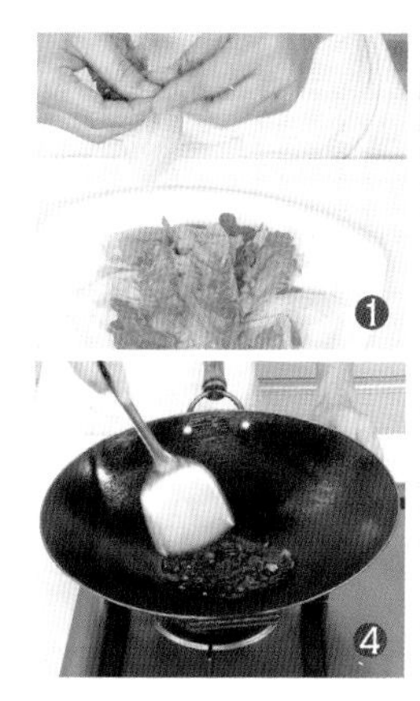

金针菇拌紫甘蓝

5分钟　2人份

原料

紫甘蓝160克，金针菇80克，彩椒10克，蒜末少许

调料

食盐2克，鸡粉1克，白糖3克，陈醋7毫升，芝麻油12毫升

/做法/

1. 洗好的金针菇切去根部；洗净的彩椒切细丝；洗好的紫甘蓝切细丝。
2. 锅中注入清水，大火烧开，倒入金针菇、彩椒丝，拌匀，略煮片刻，捞出材料，沥干水分。
3. 取一个大碗，倒入紫甘蓝丝，放入焯过水的材料，撒上蒜末，拌匀。
4. 加入食盐、鸡粉、白糖、陈醋、芝麻油，拌匀，盛入盘中即可。

凉拌爽口西红柿

61分钟　2人份

原料

洋葱150克，西红柿300克，香菜少许

调料

食盐2克，白糖3克，陈醋10毫升

/做法/

1. 洗好的洋葱切成丝。
2. 洗净的西红柿切成小块。
3. 把洋葱丝装入碗中，加入陈醋、白糖、食盐，拌匀，腌渍1小时。
4. 在洋葱中加入西红柿块，拌匀，盛入盘中，再放上香菜即可。

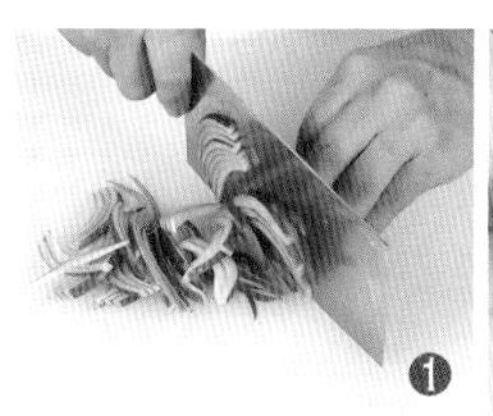

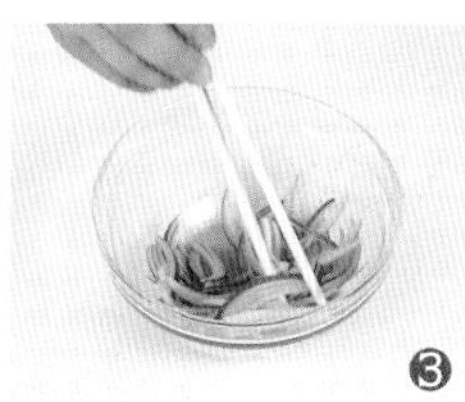

酸辣木瓜丝

3分钟　2人份

原料

去皮木瓜220克，黄瓜65克，熟白芝麻30克，苹果醋15毫升，蒜末少许

调料

食盐2克，白糖1克，辣椒油5毫升

/做法/

1. 洗净去皮的木瓜切丝；洗好的黄瓜切丝。
2. 沸水锅中加入 1 克食盐、木瓜丝，焯煮一会儿至断生，捞出木瓜丝，沥干水分，放入碗里，加入凉水，使木瓜丝降温。
3. 倒去木瓜丝里的水，再放入黄瓜丝、蒜末、苹果醋，放入1克食盐、白糖、辣椒油，搅拌均匀。
4. 将拌好的菜品装盘，撒上熟白芝麻即可。

爽口酸辣瓜条

32分钟　2人份

原料

黄瓜170克，熟白芝麻15克，干辣椒段20克，花椒10克

调料

食盐5克，白糖2克，白醋3毫升，食用油适量

/做法/

1. 洗净的黄瓜切成长条，再切小段，装入碗中。
2. 往黄瓜段中放入食盐，拌匀，腌渍30分钟至黄瓜析出水分，滤出水分，将黄瓜装到另一个碗中。
3. 用油起锅，倒入花椒、干辣椒段，爆香，盛出花椒、干辣椒段，连油一同放入黄瓜中。
4. 加入熟白芝麻、白糖、白醋，搅拌均匀，装入盘中即可。

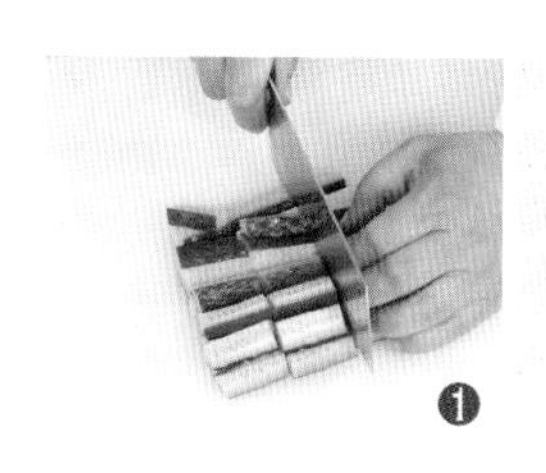
❶

❷

❸

❹

木耳拍黄瓜

4分钟　2人份

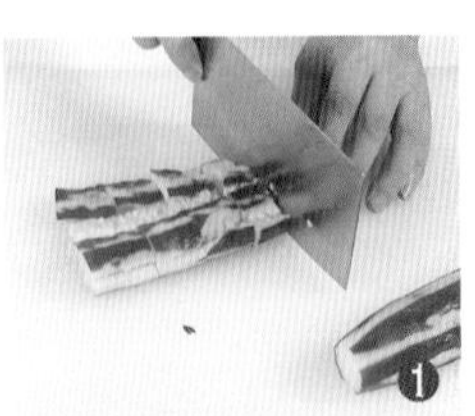

原料

黄瓜500克，水发木耳80克，蒜末、红椒丝、葱花各少许

调料

食盐2克，鸡粉2克，陈醋、辣椒油、芝麻油各适量

/做法/

1. 将洗净的黄瓜拍破，切成段，备用。
2. 锅中注入适量清水烧开，放入木耳，煮约1分30秒至熟，捞出焯煮好的木耳，装盘备用。
3. 取一个大碗，放入蒜末、红椒丝、葱花，拌匀，倒入陈醋、辣椒油、芝麻油、食盐、鸡粉，拌匀。
4. 放入木耳、黄瓜，拌匀，盛出，装入盘中即可。

凉拌黄瓜

25分钟　　1人份

原料

黄瓜200克

调料

食盐3克，白糖10克，蚝油15克，陈醋15毫升，蒜蓉辣酱10克，芝麻油适量

/做法/

1. 洗净的黄瓜用刀面拍松，切成条，再切成块，装入备好的盘中。
2. 放入食盐、芝麻油、白糖，再放入蚝油、陈醋，加入蒜蓉辣酱，搅拌匀。
3. 用保鲜膜将黄瓜封好，放入冰箱冷藏15~20分钟。
4. 待20分钟后将黄瓜取出，去除保鲜膜，即可食用。

椰子油拌彩椒

5分钟　　2人份

原料

红彩椒、黄彩椒各120克

调料

椰子油、柠檬汁、食盐、白胡椒粉各适量

/做法/

1. 洗净的黄彩椒、红彩椒均去籽，切成小块。
2. 煎锅烧热，放入红彩椒、黄彩椒煎至微焦，盛入盘中。
3. 备好一个大碗，倒入椰子油、柠檬汁，加入适量白胡椒粉、食盐，搅拌均匀。
4. 倒入煎好的红彩椒、黄彩椒，搅拌片刻，将拌好的彩椒沙拉倒入碗中即可。

糖醋佛手瓜

4分钟　2人份

原料 佛手瓜280克，去皮胡萝卜90克，红椒30克，蒜末少许

调料 食盐、鸡粉各2克，白糖3克，白醋、芝麻油各5毫升

/做法/

1. 洗净的佛手瓜去籽，切成丝；洗好的红椒切丝；洗净的胡萝卜切成丝。
2. 锅中注水烧开，倒入佛手瓜、胡萝卜、红椒，焯煮片刻，捞出焯煮好的食材，沥水，装入碗中。
3. 加入食盐、鸡粉、白糖、白醋、芝麻油。
4. 放入蒜末，用筷子搅拌均匀，装入盘中即可。

彩椒拌苦瓜

5分钟　1人份

原料 苦瓜150克，彩椒、蒜末各少许

调料 食盐、白糖各2克，陈醋9毫升，食粉、芝麻油、食用油各适量

/做法/

1. 将洗净的苦瓜切开，去瓤，再切成粗条；洗好的彩椒切粗丝。
2. 锅中注水烧开，淋入食用油，倒入彩椒丝，煮至断生，捞出；沸水锅中再倒入苦瓜条，撒上食粉，煮约2分钟，至熟透后捞出。
3. 取一个大碗，放入焯熟的苦瓜条、彩椒丝，撒上蒜末。
4. 加入食盐、白糖，倒入陈醋、芝麻油，拌匀，装入盘中即成。

生菜拌苦瓜

5分钟　2人份

原料

苦瓜100克，胡萝卜80克，生菜100克，熟白芝麻5克，柠檬片适量

调料

白醋4毫升，橄榄油10毫升，食盐2克，白糖少许

/做法/

1. 洗净的苦瓜切开，去籽，切片，再切成丝；洗净去皮的胡萝卜切片，改切成丝；洗好的生菜切开，切丝。
2. 锅中注入清水，用大火烧开，放入苦瓜，加入1克食盐，煮至断生，捞出苦瓜，放入凉水中过凉，捞出，沥干水分。
3. 将苦瓜装入碗中，放入胡萝卜、生菜，搅匀，加入1克食盐、白糖、白醋、橄榄油，搅拌均匀。
4. 在碗中摆上柠檬片，倒入拌好的食材，撒上熟白芝麻即可。

茄子拌青椒

15分钟　2人份

原料

青椒150克，茄子200克，蒜末、姜末、香菜末、葱花各少许，胡萝卜适量

调料

黄豆酱45克，食盐、鸡粉各2克，蚝油、料酒各5毫升，芝麻油2毫升，生抽3毫升，食用油适量

/做法/

1. 处理好的茄子、胡萝卜、青椒均切成条，装入蒸盘里。
2. 蒸盘入烧开的蒸锅中，大火蒸10分钟至熟。
3. 用油起锅，放入姜末、蒜末、黄豆酱，爆香，加入料酒、食盐、鸡粉、蚝油、清水、生抽，拌匀，调成味汁，装入碗中。
4. 加香菜末、葱花、芝麻油拌匀，与茄子、青椒一起倒入大碗，加味汁拌匀即可。

❶

❷

❸

❹

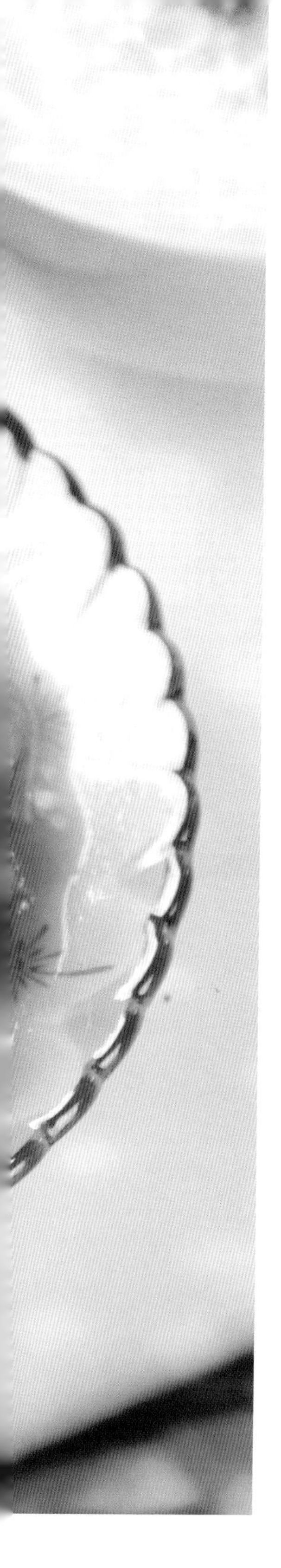

手撕茄子

34分钟　　1人份

原料

茄子段…120克
蒜末…少许

调料

食盐…2克
鸡粉…2克
生抽…3毫升
陈醋…8毫升
芝麻油…适量
白糖…少许

/做法/

1. 蒸锅上火烧开，放入洗净的茄子段。
2. 用中火蒸约30分钟，至食材熟透，取出蒸好的茄子段。
3. 放凉后撕成细条状，装在碗中。
4. 再加入食盐、白糖、鸡粉，淋上生抽。
5. 注入陈醋、芝麻油，撒上蒜末。
6. 快速搅拌一会儿，至食材入味，盛入盘中，摆好盘即可。

小提示： 茄子不宜放得太凉了，否则搅拌时味道不易渗进去。

拌茄子土豆片

18分钟　2人份

原料

土豆…210克
青椒…50克
茄子…200克
葱花…少许
蒜末…少许
香菜…少许
红椒粒…少许

调料

生抽…5毫升
陈醋…4毫升
食盐…2克
鸡粉…2克
白糖…2克

/做法/

1. 洗净的茄子切滚刀块；洗净的青椒切滚刀块；洗净去皮的土豆切成片。
2. 取一个蒸盘，铺上土豆片，再放上茄子块，待用。
3. 电蒸锅注水烧开，放入蒸盘，盖上锅盖，蒸15分钟。
4. 揭开锅盖，放入青椒块。
5. 盖上锅盖，再蒸2分钟至食材熟透，将蒸好的食材取出。
6. 取一个碗，放入蒜末、葱花、红椒粒。
7. 再加入香菜，淋上生抽、陈醋。
8. 放入食盐、鸡粉、白糖，搅拌匀，制成酱汁。
9. 将蒸好的食材装入一个干净的盘子中，再将制好的酱汁浇在食材上即可。

小提示：切土豆时最好切得厚薄一致，能使其受热更均匀。

黄瓜拌土豆丝

4分钟　2人份

原料

去皮土豆250克，黄瓜200克，熟白芝麻15克

调料

食盐、白糖各1克，芝麻油、白醋各5毫升

/做法/

1. 洗好的黄瓜切丝；洗净的土豆切丝。
2. 取一碗清水，放入土豆丝，稍拌片刻，去除表面含有的淀粉，将水沥干。
3. 沸水锅中倒入洗过的土豆丝，焯煮一会儿至断生，捞出，过一遍凉水后捞出。
4. 往土豆丝中放入黄瓜丝，拌匀，加入食盐、白糖、芝麻油、白醋，拌匀，装入碟中，撒上熟白芝麻即可。

香辣莴笋丝

5分钟　　2人份

原料

莴笋340克，红椒35克，蒜末少许

调料

食盐2克，鸡粉2克，白糖2克，生抽3毫升，辣椒油、亚麻籽油各适量

/做法/

1. 洗净去皮的莴笋切丝，待用；洗净的红椒切成丝，待用。
2. 锅中注入清水烧开，放入1克食盐、亚麻籽油、莴笋丝、红椒丝，煮约1分钟至断生，捞出，沥干水分。
3. 将莴笋丝和红椒丝装入碗中，加入蒜末。
4. 加入1克食盐、鸡粉、白糖、生抽、辣椒油、亚麻籽油，拌匀，装入盘中即可。

❶

❷

❸

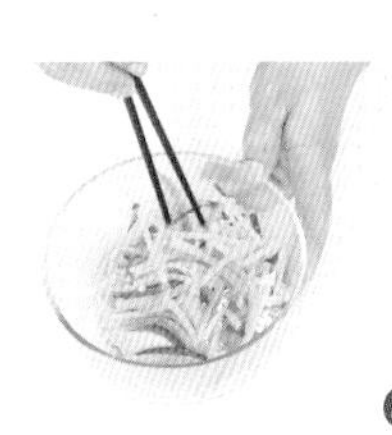

❹

凉拌莴笋条

5分钟　2人份

原料

莴笋170克，红椒20克，蒜末少许

调料

食盐3克，鸡粉2克，生抽3毫升，陈醋10毫升，芝麻油适量

/做法/

1. 将洗净去皮的莴笋切成条；洗好的红椒切成粗丝。
2. 锅中注入清水烧开，倒入莴笋条，加1克食盐，搅匀，焯煮约2分钟，至食材完全断生，捞出。
3. 将食材装入碗中，撒上红椒丝、蒜末，拌匀。
4. 放入陈醋、生抽、芝麻油、1克食盐、鸡粉，拌匀，装入盘中，摆好盘即可。

白菜梗拌胡萝卜丝

5分钟　2人份

原料

白菜梗120克，胡萝卜200克，青椒35克，蒜末、葱花各少许

调料

食盐3克，鸡粉2克，生抽3毫升，陈醋6毫升，芝麻油适量

/做法/

1. 将洗净的白菜梗切成粗丝；去皮的胡萝卜切成细丝；洗净的青椒去籽，切成丝，装入盘中。
2. 锅中注入清水烧开，加入1克食盐、胡萝卜丝，搅匀，煮约1分钟，放入白菜梗、青椒丝，再煮约半分钟，至全部食材断生后捞出。
3. 把焯煮好的食材装入碗中，加入2克食盐、鸡粉、生抽、陈醋，倒入芝麻油。
4. 撒上蒜末、葱花，拌匀，盛入盘中即可。

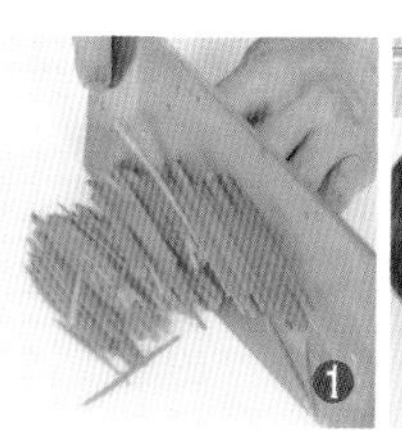

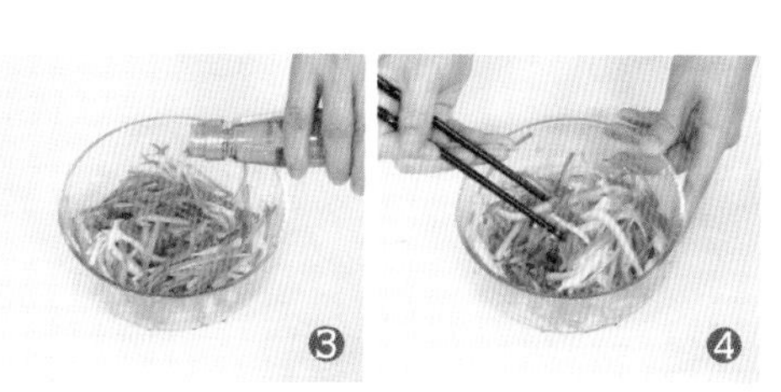

醋香胡萝卜丝

5分钟　2人份

原料

胡萝卜240克，卷心菜70克，熟白芝麻少许

调料

亚麻籽油适量，食盐2克，鸡粉2克，白糖3克，生抽3毫升，陈醋3毫升

/做法/

1. 将洗净的卷心菜切丝；胡萝卜切丝。
2. 锅中注入适量清水烧开，放入1克食盐、亚麻籽油。
3. 倒入胡萝卜丝，加入卷心菜丝，搅拌，煮约半分钟至熟，捞出胡萝卜丝，沥干水分，待用。
4. 把胡萝卜丝装入碗中，放1克食盐、鸡粉、白糖、生抽、陈醋、亚麻籽油，拌匀，装盘，撒上熟白芝麻即可。

西瓜翠衣拌胡萝卜

4分钟　2人份

原料

西瓜皮200克，胡萝卜200克，熟白芝麻、蒜末各少许

调料

食盐2克，白糖4克，陈醋8毫升，食用油适量

/做法/

1. 洗净去皮的胡萝卜切段，再切片，改切成丝；洗好的西瓜皮切成丝，备用。
2. 锅中注水烧开，放入食用油、胡萝卜丝。
3. 加入西瓜皮丝，煮半分钟，至其断生，把焯煮好的胡萝卜和西瓜皮捞出，沥干水分。
4. 将胡萝卜和西瓜皮放入碗中，加入蒜末，放入食盐、白糖，淋入陈醋，拌匀，盛出，撒上熟白芝麻，装入盘中即可。

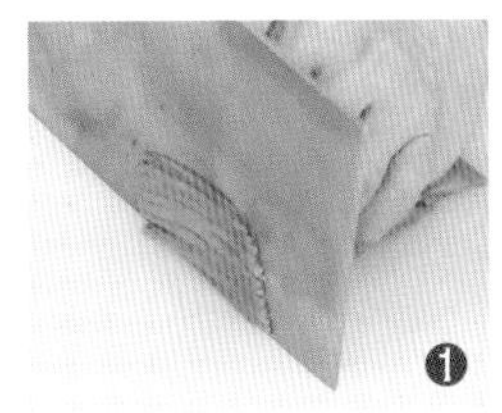

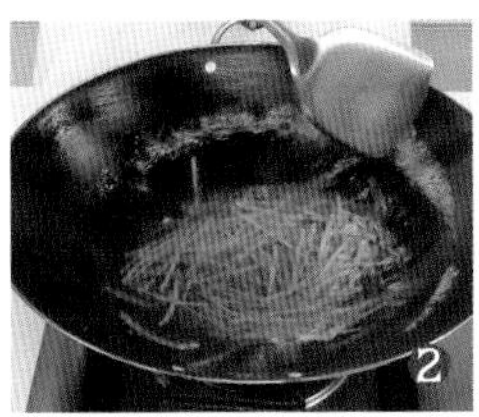

爽口凉拌菜

6分钟　1人份

原料

去皮胡萝卜…85克
黄瓜…70克
红椒…45克
蒜末…少许
香菜…少许

调料

食盐…1克
鸡粉…1克
白糖…2克
生抽…5毫升
橄榄油…适量

/做法/

1. 胡萝卜切片，改切丝；洗净的黄瓜切片，改切丝。
2. 洗好的红椒切丝；洗净的香菜切小段。
3. 锅中注水烧开，倒入胡萝卜丝，汆煮一会儿至断生。
4. 捞出汆好的胡萝卜丝，沥干水分，装碗待用。
5. 将红椒丝倒在胡萝卜丝上。
6. 放入黄瓜丝，倒入切好的香菜。
7. 加入食盐、鸡粉、白糖、生抽、橄榄油，拌匀至入味。
8. 加入蒜末，拌至均匀。
9. 将拌好的菜品装入盘中即可。

小提示： 可加入适量陈醋凉拌，能使菜品更加开胃爽口。

芹菜拌白萝卜

6分钟　　2人份

❶

原料

芹菜80克，白萝卜300克，红椒35克

调料

食盐2克，白糖2克，鸡粉2克，辣椒油4毫升，橄榄油适量

/做法/

1. 洗净的芹菜拍破，切段；洗净的白萝卜切片，改切丝；洗净的红椒切开，去籽，切成丝。
2. 锅中注入清水烧开，放1克食盐，倒入适量橄榄油，搅拌均匀。

3. 放入白萝卜丝煮沸，加入芹菜段、红椒丝，煮约1分钟至断生，捞出食材，沥干水分。
4. 把食材装入碗中，加入1克食盐、白糖、鸡粉、辣椒油、橄榄油，拌匀，装盘即可。

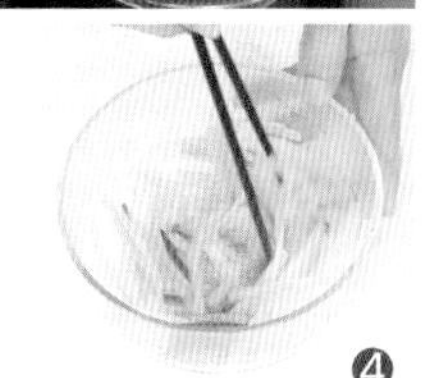

❹

南昌凉拌藕

5分钟　1人份

原料

去皮莲藕165克，香菜、蒜末各少许

调料

食盐2克，鸡粉2克，陈醋5毫升，生抽5毫升，白糖3克，辣椒油5毫升，芝麻油5毫升

/做法/

1. 莲藕切片，放入凉水中待用。
2. 锅中注水烧开，放入莲藕片，焯煮片刻至断生，捞出，放入凉水中放凉后捞出，摆放在盘中。
3. 取一个碗，倒入蒜末，淋上生抽，撒上食盐，加入鸡粉、白糖。
4. 倒入陈醋、辣椒油、芝麻油，拌匀，制成调味汁，浇在莲藕上，最后点缀上香菜即可。

亚麻籽油拌秋葵

6分钟　　2人份

原料

秋葵260克，红椒40克，蒜末少许

调料

食盐3克，鸡粉2克，白糖2克，辣椒油、亚麻籽油各适量

/做法/

1. 洗净的红椒切圈；洗净的秋葵切成小块。
2. 锅中注入清水烧开，放入1克食盐，加入亚麻籽油，放入红椒圈，焯煮至转色，捞出，沥干水分。
3. 将秋葵块倒入沸水锅中，煮约1分钟至断生，捞出，沥干水分。
4. 将秋葵倒入碗中，加入红椒、蒜末、2克食盐、鸡粉、白糖、辣椒油、亚麻籽油，拌匀，装盘即可。

凉拌秋葵

6分钟　1人份

原料

秋葵100克，朝天椒5克，姜末、蒜末各少许

调料

食盐2克，鸡粉1克，香醋4毫升，芝麻油3毫升，食用油适量

/做法/

1. 洗好的秋葵切成小段；洗净的朝天椒切成小圈。
2. 锅中注入清水，加入1克食盐、食用油，烧开，倒入秋葵，汆煮至断生，捞出。
3. 在装有秋葵的碗中加入备好的朝天椒、姜末、蒜末。
4. 加入1克食盐、鸡粉、香醋，再淋入芝麻油，拌匀，装入盘中即可。

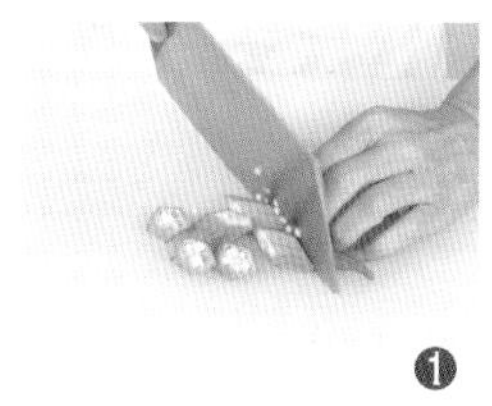

豆芽拌粉条

3分钟　2人份

原料 水发红薯宽粉280克，黄豆芽100克，朝天椒20克，蒜末少许

调料 食盐2克，鸡粉2克，生抽3毫升，陈醋3毫升，辣椒油2毫升，亚麻籽油适量

/做法/

1. 洗净的黄豆芽切去根部；洗好的粉条切段；洗净的朝天椒切圈。
2. 锅中注水烧开，加1克食盐、亚麻籽油、黄豆芽、粉条，煮1分钟，捞出黄豆芽和粉条，沥水。
3. 把黄豆芽和粉条装入碗中，加入朝天椒、蒜末。
4. 放1克食盐、鸡粉、生抽、陈醋、亚麻籽油、辣椒油拌匀，装盘即可。

香辣黄豆芽

4分钟　1人份

原料 黄豆芽130克，辣椒粉、葱花各少许

调料 食盐2克，鸡粉1克，食用油适量

/做法/

1. 洗好的黄豆芽切除根部。
2. 锅中注入清水烧开，倒入黄豆芽，煮至断生，捞出黄豆芽，沥干水分，放入盘中。
3. 用油起锅，倒入辣椒粉，拌匀，加入食盐，拌匀，关火后加入鸡粉，拌匀。
4. 盛出味汁，烧在黄豆芽上，点缀上葱花即可。

原料

四季豆200克，彩椒40克，鱼腥草120克，干辣椒、花椒、蒜末、葱花各少许

调料

食盐3克，鸡粉2克，白醋3毫升，辣椒油3毫升，白糖4克，食用油适量

四季豆拌鱼腥草

5分钟　1人份

/做法/

1. 洗好的四季豆切成段；洗净的彩椒去籽，切成丝；洗好的鱼腥草切成段。
2. 锅中注水烧开，倒入食用油、食盐、四季豆，拌匀，煮2分钟，倒入鱼腥草、彩椒，再煮半分钟，捞出食材。
3. 起油锅，爆香干辣椒、花椒，盛出。
4. 焯煮好的食材装碗，加入蒜末、葱花、花椒油、食盐、鸡粉、白醋、辣椒油、白糖拌匀，装入盘中即可。

腐乳凉拌鱼腥草

2分钟　　1人份

原料

巴旦木仁20克，鱼腥草50克，腐乳8克，香菜叶适量

调料

白糖2克，芝麻油、陈醋各5毫升，红油适量

/做法/

1. 用勺子将腐乳碾碎，加入红油，拌匀，待用。
2. 取一个碗，放入洗净的鱼腥草，加入拌好的腐乳。
3. 放入陈醋、白糖、芝麻油、红油，搅拌均匀，加入少许巴旦木仁，拌匀。
4. 取一个盘子，将拌好的食材装入盘中，放上剩余的巴旦木仁，点缀上香菜叶即可。

凉拌折耳根

◷ 2分钟　　✕ 1人份

原料

折耳根70克，葱末8克，蒜末8克

调料

食盐2克，鸡粉2克，白糖3克，生抽4毫升，陈醋3毫升，花椒油3毫升，油泼辣子适量

/做法/

1. 择洗好的折耳根切成小段，待用。
2. 折耳根倒入碗中，放入备好的葱末、蒜末。
3. 放入食盐、鸡粉、白糖，淋入生抽、陈醋。
4. 加入花椒油，倒入油泼辣子，拌匀，再倒入盘中即可。

洋葱拌腐竹

8分钟 2人份

原料

洋葱50克，水发腐竹200克，红椒15克，葱花少许

调料

食盐3克，鸡粉2克，生抽4毫升，芝麻油2毫升，辣椒油3毫升，食用油适量

/做法/

1. 将洗净的洋葱切成丝；洗好的红椒去籽，切成丝。
2. 热锅注油烧热，放入洋葱、红椒，搅匀，炸出香味，捞出。
3. 锅底留油，注入清水烧开，放入食盐、腐竹段，煮1分钟至熟，捞出腐竹段，装入碗中。
4. 放入洋葱、红椒、葱花，加入食盐、鸡粉、生抽、芝麻油、辣椒油，搅拌均匀，装入碗中即可。

玉米拌洋葱

5分钟　2人份

原料

玉米粒75克，洋葱条90克，凉拌汁25毫升

调料

食盐2克，白糖少许，生抽4毫升，芝麻油适量

/做法/

1. 锅中注入清水烧开，倒入洗净的玉米粒、洋葱条，搅匀，煮至食材断生后捞出，沥干水分。
2. 取一个干净的大碗，倒入焯过水的食材，放入凉拌汁。
3. 加入生抽、食盐、白糖，淋入适量芝麻油，快速搅拌一会儿，至食材入味。
4. 将拌好的菜肴盛入盘中，摆好盘即成。

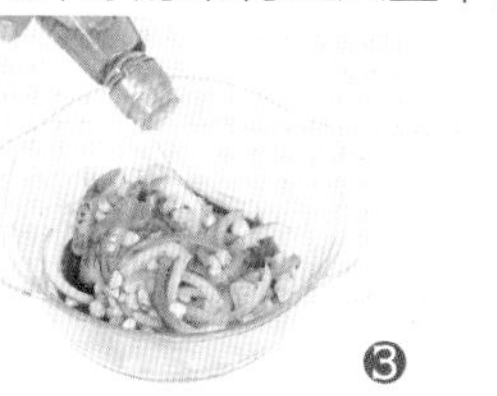

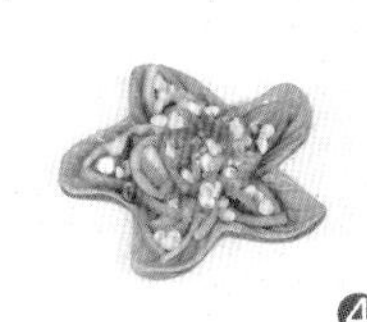

东北大拌菜

10分钟　3人份

原料

紫甘蓝…100克
黄瓜…100克
白菜…75克
去皮胡萝卜…110克
西红柿…80克
水发木耳…40克
花椒粒…10克
干辣椒段…25克
熟白芝麻…10克
蒜末…适量

调料

食盐…1克
鸡粉…1克
白糖…3克
生抽…5毫升
白醋…5毫升
芝麻油…5毫升
食用油…适量

小提示：白醋的用量可随个人喜好进行增减。

/做法/

1. 洗净的紫甘蓝切小条；洗好的黄瓜拍扁，切块。
2. 洗净的白菜将梗叶切开，菜叶撕块，菜梗切条。
3. 洗好的西红柿切片；泡好的木耳切小块。
4. 胡萝卜对半切开，修整边缘，切菱形片，待用。
5. 用油起锅，倒入干辣椒段、花椒粒，爆香。
6. 盛出爆香好的干辣椒段、花椒粒，连油一同装碗待用。
7. 大碗中倒入白菜、胡萝卜片，放入黄瓜块、木耳。
8. 倒入紫甘蓝、西红柿，加入蒜末、爆香过的干辣椒段、花椒粒，拌匀。
9. 加入食盐、鸡粉、白糖、白醋、生抽、芝麻油，拌匀，装盘，撒上熟白芝麻即可。

拌老虎菜

2分钟　2人份

原料

红椒35克，青椒70克，洋葱100克，香菜50克

调料

食盐2克，鸡粉2克，白糖3克，生抽4毫升，陈醋3毫升，芝麻油3毫升

/做法/

1. 处理好的洋葱切成丝；洗净的青椒、红椒均去籽，切成丝。
2. 取一个碗，倒入切好的洋葱丝、青椒丝、红椒丝、香菜。
3. 放入食盐、鸡粉、白糖、生抽、陈醋、芝麻油，拌匀。
4. 将拌好的菜装入盘中即可。

爽口拌菜

4分钟　　2人份

原料

豆腐皮95克，白菜120克，黄豆芽70克，黄瓜90克，胡萝卜50克，蒜末少许

调料

生抽5毫升，食盐2克，鸡粉2克，陈醋5毫升，芝麻油3毫升，白糖5克

/做法/

1. 豆腐皮切成丝；洗好的白菜切成粗丝；洗净的黄瓜切成丝；洗净去皮的胡萝卜切成丝。
2. 锅中注入清水烧开，倒入洗净的黄豆芽，放入豆皮丝，焯煮片刻，捞出，沥干水分。
3. 取一个碗，倒入黄豆芽、豆皮丝，放入白菜丝、黄瓜丝，再放入胡萝卜丝、蒜末，淋上生抽。
4. 加入食盐、鸡粉、陈醋、芝麻油、白糖，拌匀，装入盘中即可。

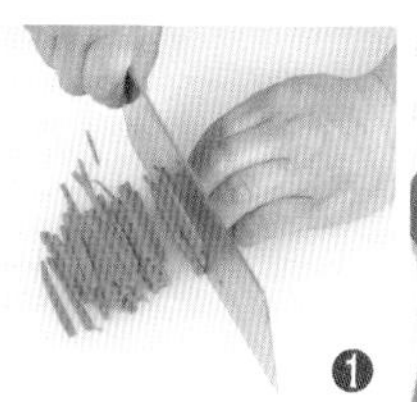

东北拌凉菜

10分钟　2人份

原料

豆腐皮…100克
肉丝…30克
水发粉皮…110克
土豆…70克
黄豆芽…90克
花生米…70克
黄瓜…少许
蒜末…少许
香菜…少许
干辣椒…少许

调料

生抽…5毫升
白糖…2克
陈醋…4毫升
芝麻油…3毫升
食盐…少许
鸡粉…少许
食用油…适量

小提示：切好的土豆丝可放入清水中浸泡片刻，口感会更好。

/做法/

1. 洗净的黄瓜斜刀切成丝；洗好的豆腐皮码齐切成丝。
2. 泡发好的粉皮切成粗条；洗净去皮的土豆切成丝。
3. 锅中注入清水烧开，倒入土豆丝、黄豆芽、豆皮丝，汆煮片刻，捞出，沥干水分。
4. 再倒入粉皮，汆煮至断生，捞出，沥干水分，装入土豆丝碗中，待用。
5. 热锅注油烧热，倒入肉丝，翻炒转色。
6. 放入干辣椒、蒜末，淋入5毫升生抽，翻炒匀。
7. 将炒好的肉丝盛到粉皮上，放上黄瓜丝、香菜，加入食盐、鸡粉、白糖。
8. 淋上陈醋、5毫升生抽、芝麻油，拌匀。
9. 再倒入备好的花生米，拌匀，装入盘中，即可食用。

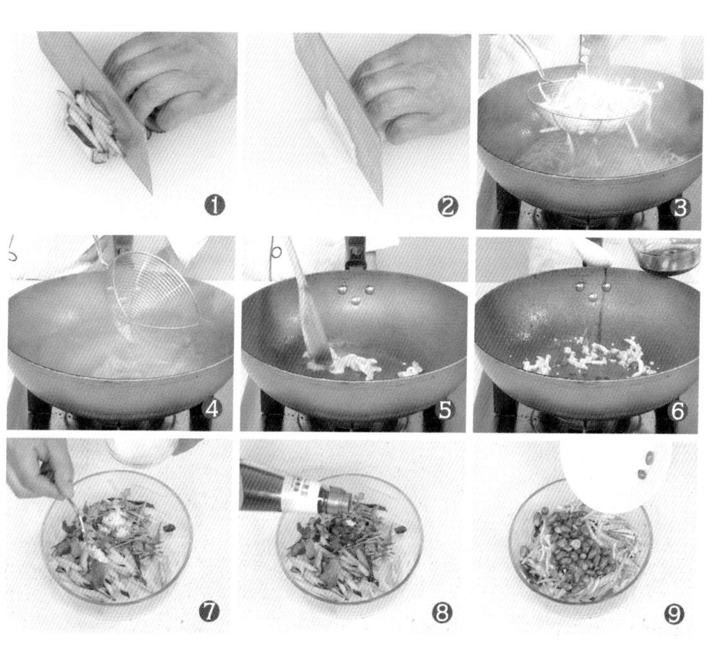

豆皮拌豆苗

5分钟　　1人份

原料

豆皮70克，豆苗60克，花椒15克，葱花少许

调料

食盐、鸡粉各1克，生抽5毫升，食用油适量

/做法/

1. 洗净的豆皮切成丝，再切成两段，待用。
2. 沸水锅中倒入洗好的豆苗，焯煮1分钟至断生，捞出；锅中再倒入豆皮，焯煮2分钟至去除豆腥味，捞出，装碗，撒上葱花。
3. 另起锅注油，倒入花椒，炸约1分钟至香味飘出，捞出炸过的花椒。
4. 将花椒油淋在豆皮和葱花上，放上豆苗，加入食盐、鸡粉、生抽，拌匀，装入盘中即可。

凉拌卤豆腐皮

24分钟　2人份

原料

豆腐皮230克，黄瓜60克，卤水350毫升

调料

芝麻油适量

/做法/

1. 将洗净的豆腐皮切成细丝；洗好的黄瓜切成丝。
2. 锅置于火上，倒入卤水，放入豆腐皮，大火烧开后转小火卤约20分钟至熟。
3. 关火后将卤好的材料倒入碗中，放凉后滤去卤水。
4. 将豆腐皮放入碗中，倒入黄瓜，淋上芝麻油，拌匀，装入用黄瓜装饰的盘中即可。

❶

❷

❸

❹

五香豆腐丝

5分钟　1人份

原料

豆腐皮150克，葱花、蒜末各30克，香菜段20克

调料

食盐、鸡粉各1克，白糖2克，芝麻油5毫升，生抽10毫升

/做法/

1. 洗净的豆腐皮摊开，对半切，重叠，再对半切，再重叠卷起，切成丝。
2. 沸水锅中倒入豆腐丝，汆烫30秒至去除豆腥味，捞出豆腐丝，沥干水分。
3. 汆烫好的豆腐丝中倒入葱花和蒜末，加入生抽、食盐、鸡粉、白糖、芝麻油。
4. 放入洗净的香菜段，搅拌均匀，再装入盘中即可。

香干丝拌香菇

5分钟　1人份

原料

香干4片，红椒30克，水发香菇25克，蒜末少许

调料

食盐、鸡粉、白糖各2克，生抽、陈醋、芝麻油各5毫升，食用油适量

/做法/

1. 洗净的香干切粗丝；洗好的红椒切丝；洗净的香菇切成粗丝。
2. 锅中注入清水烧开，倒入香干丝，焯煮片刻，捞出；再倒入香菇丝，焯煮片刻，捞出。
3. 取一碗，倒入香干丝，加入1克食盐、鸡粉、白糖、生抽、陈醋、芝麻油，拌匀。
4. 起油锅，倒入香菇丝、蒜末、红椒丝、1克食盐，翻炒至熟，盛入装有香干的碗中，拌匀，装盘即可。

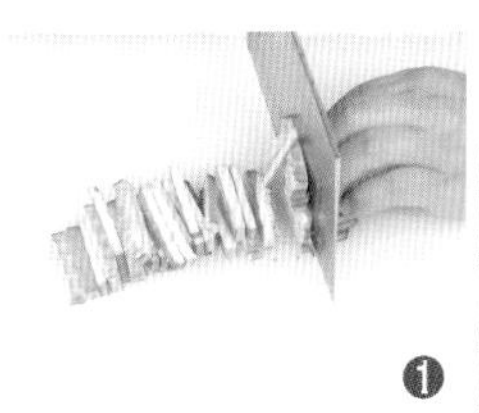

❶

❷

❸

❹

香菜香干丝

6分钟　2人份

原料

香干150克，香菜20克，花生碎50克，蒜末40克

调料

食盐、鸡粉各2克，白糖3克，芝麻油、生抽、陈醋各5毫升，食用油适量

/做法/

1. 洗净的香干切粗丝；洗净的香菜切段。
2. 热锅注入足量油烧热，倒入香干丝，油炸至酥软，捞出炸好的香干丝，沥干油，待用。
3. 取一碗，倒入香干丝、香菜、蒜末、花生碎，拌匀，加入食盐、鸡粉。
4. 淋上芝麻油，撒上白糖，淋上生抽、陈醋，充分拌匀使其入味，装入盘中即可。

葱丝拌熏干

5分钟　2人份

原料 熏干180克，大葱70克，红椒15克

调料 食盐2克，白糖2克，陈醋6毫升，鸡粉2克，食用油适量

/做法/

1. 洗净的大葱切成细丝；熏干切粗丝；洗好的红椒去籽，切成细丝。
2. 锅中注入清水烧开，倒入熏干丝，煮至断生，捞出。
3. 将葱丝放入盘中，放上熏干丝，摆放好，待用。
4. 用油起锅，倒入红椒丝，炒匀，加入食盐、白糖、陈醋、鸡粉，拌匀，调成味汁，盛出，浇在熏干丝上即成。

芹菜豆腐干

4分钟　2人份

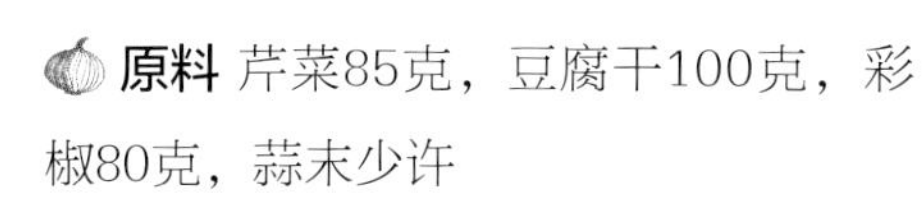

原料 芹菜85克，豆腐干100克，彩椒80克，蒜末少许

调料 食盐3克，鸡粉2克，生抽4毫升，芝麻油2毫升，陈醋5毫升，食用油适量

/做法/

1. 洗好的豆腐干切条；洗净的芹菜切成段；洗好的彩椒切成条。
2. 锅中注入清水烧开，放入1克食盐、食用油、豆腐干、芹菜、彩椒拌匀，略煮片刻，捞出焯煮好的食材。
3. 将焯过水的食材装入碗中，放入蒜末，加入鸡粉、2克食盐、生抽、芝麻油，拌匀调味，淋入陈醋。
4. 继续搅拌片刻，盛出装盘即可。

枸杞拌蚕豆

34分钟 2人份

原料

蚕豆400克，枸杞子20克，香菜10克，蒜末10克

调料

食盐1克，生抽、陈醋各5毫升，辣椒油适量

/做法/

1. 锅内注水，加入食盐，倒入洗净的蚕豆，放入枸杞子，拌匀。
2. 用大火煮开后转小火续煮30分钟至熟软，捞出煮好的蚕豆、枸杞子，装碗。
3. 另起锅，倒入辣椒油，放入蒜末，爆香，加入生抽、陈醋，拌匀，制成酱汁。
4. 关火后将酱汁倒入蚕豆和枸杞子中，搅拌均匀，装在盘中，撒上香菜点缀即可。

五香黄豆香菜

33分钟　　2人份

原料

水发黄豆200克，香菜30克，姜片、葱段、香叶、八角、花椒各少许

调料

食盐2克，白糖5克，芝麻油、食用油各适量

/做法/

1. 将洗净的香菜切段。
2. 用油起锅，爆香八角、花椒，撒入姜片、葱段、香叶，炒匀，加入白糖、1克食盐，炒匀，至糖分溶化。
3. 注入清水，倒入洗净的黄豆，搅匀，大火烧开后转小火卤约30分钟，至食材熟透，盛出黄豆，滤在碗中，拣出香料。
4. 再撒上香菜，加入1克食盐、芝麻油，拌匀，盛入盘中，摆好盘即可。

红油拌秀珍菇

4分钟　2人份

原料

秀珍菇300克，葱花、蒜末各少许

调料

食盐、鸡粉、白糖各2克，生抽、陈醋、辣椒油各5毫升

/做法/

1. 锅中注入适量清水烧开，倒入秀珍菇，焯煮片刻至断生。
2. 关火后捞出焯煮好的秀珍菇，沥干水分，装入盘中，备用。
3. 取一碗，倒入秀珍菇、蒜末、葱花。
4. 加入食盐、鸡粉、白糖、生抽、陈醋、辣椒油，拌匀，装入备好的盘中即可。

清拌金针菇

4分钟　2人份

原料

金针菇…300克

朝天椒…15克

葱花…少许

调料

食盐…2克

鸡粉…2克

蒸鱼豉油…30毫升

白糖…2克

橄榄油…适量

/做法/

1. 将洗净的金针菇切去根部。
2. 将朝天椒切圈。
3. 锅中注入适量清水烧开，放入食盐、橄榄油，倒入金针菇，煮约1分钟至熟。
4. 把煮好的金针菇捞出，沥干水分，装入盘中，摆放好。
5. 将切好的朝天椒装入碗中，加入蒸鱼豉油、鸡粉、白糖，拌匀，制成味汁。
6. 将味汁浇在金针菇上。
7. 再撒上少许葱花。
8. 锅中注入少许橄榄油，烧热。
9. 将热油浇在金针菇上即成。

小提示： 金针菇的焯煮时间不宜过长，最好控制在1分钟左右，这样能保持其鲜嫩的口感。

手撕杏鲍菇

◷ 13分钟　　✕ 2人份

原料

杏鲍菇200克，青椒15克，红椒15克，蒜末少许

调料

生抽5毫升，陈醋5毫升，白糖2克，食盐2克，芝麻油少许

/做法/

1. 洗净的杏鲍菇切条；洗净的青椒、红椒均去籽，切成末。
2. 蒸锅上火烧开，放入杏鲍菇，大火蒸10分钟至熟，取出放凉，待用。
3. 取一个碗，倒入蒜末、青椒末、红椒末，拌匀，加入生抽、白糖、陈醋、食盐、芝麻油，搅匀调成味汁。
4. 将放凉的杏鲍菇撕成细条，再撕成段，放入摆有西红柿做装饰的碗中，最后浇上调好的味汁即可。

橄榄油蒜香蟹味菇

5分钟　2人份

原料

蟹味菇200克，彩椒40克，蒜末、黑胡椒粒各少许

调料

食盐3克，橄榄油5毫升，食用油适量

/做法/

1. 将洗净的彩椒切粗丝，装入小碟中，待用。
2. 锅中注入清水烧开，加入1克食盐、食用油，放入洗净的蟹味菇、彩椒丝，拌匀，煮约半分钟，至食材熟软后捞出，沥干水分。
3. 将焯煮熟的食材装入碗中，加入2克食盐，撒上蒜末，倒入橄榄油，拌匀。
4. 取一个干净的盘子，盛入拌好的食材，撒上黑胡椒粒即成。

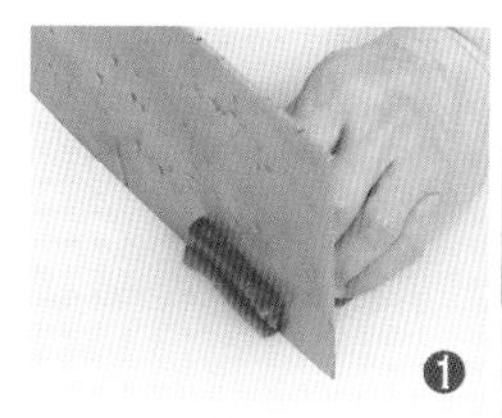
❶

❷

❸

❹

红油拌杂菌

5分钟　2人份

原料

白玉菇50克，鲜香菇35克，杏鲍菇55克，平菇30克，蒜末、葱花各少许

调料

食盐、鸡粉各2克，胡椒粉少许，料酒3毫升，生抽4毫升，辣椒油、花椒油各适量

/做法/

1. 将洗净的香菇切成小块；洗好的杏鲍菇切成条形。
2. 锅中注水烧开，倒入杏鲍菇，煮约1分钟，放入香菇块，淋入料酒，倒入洗好的平菇、白玉菇，煮至断生，捞出材料。
3. 取一个大碗，倒入焯熟的食材，加入食盐、生抽、鸡粉、胡椒粉、蒜末、辣椒油、花椒油，拌匀。
4. 再放入葱花，搅拌均匀至食材入味，装入盘中即成。

凉拌银耳

⏲ 6分钟　✂ 1人份

原料

水发银耳130克，香菜30克

调料

生抽4毫升，鸡粉2克，芝麻油3毫升

/做法/

1. 泡发好的银耳切去根部，撕成小朵。
2. 锅中注入清水烧开，倒入银耳，大火煮5分钟至断生，捞出银耳，沥干水分。
3. 将银耳装入碗中，放入生抽、鸡粉、芝麻油，拌匀。
4. 倒入香菜，搅拌片刻，装入盘中，即可食用。

乌醋花生黑木耳

4分钟　　2人份

原料

水发黑木耳150克，去皮胡萝卜80克，花生米100克，朝天椒1个，葱花8克

调料

生抽3毫升，乌醋5毫升

/做法/

1. 洗净的胡萝卜切片，改切丝。
2. 锅中注入清水烧开，倒入胡萝卜丝、洗净的黑木耳，拌匀，焯煮一会儿至断生，捞出焯好的食材，放入凉水中。
3. 捞出凉水中的胡萝卜和黑木耳装在碗中，加入花生米。
4. 放入切碎的朝天椒，加入生抽、乌醋，拌匀，装在盘中，撒上葱花点缀即可。

凉拌木耳

5分钟 1人份

原料

水发木耳120克，胡萝卜45克，香菜15克

调料

食盐、鸡粉各2克，生抽5毫升，辣椒油7毫升

/做法/

1. 将洗净的香菜切成长段；去皮洗净的胡萝卜切成细丝。
2. 锅中注入清水烧开，放入洗净的木耳，拌匀，煮约2分钟，至其熟透后捞出，沥干水分。
3. 取一个大碗，放入焯好的木耳，倒入胡萝卜丝、香菜段，加入食盐、鸡粉。
4. 淋入生抽，倒入辣椒油，拌匀，盛入盘中即成。

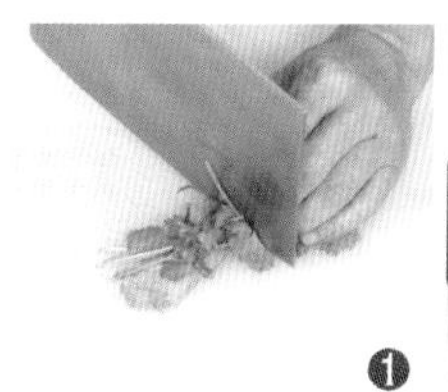

❶

2

❸

❹

五彩大拉皮

8分钟　　3人份

原料

拉皮…150克
水发黑木耳…40克
紫甘蓝…40克
黄瓜…50克
去皮胡萝卜…50克
豆皮…60克
辣椒油…10毫升
香菜…少许
蒜末…少许

调料

芝麻油…5毫升
生抽…5毫升
陈醋…5毫升
鸡粉…3克
食盐…3克
白糖…3克

/做法/

1. 洗净的黄瓜切成丝，再对半切开；洗净的豆皮在中间划一刀，再切成丝；泡发好的黑木耳切成丝；洗净的紫甘蓝、胡萝卜均切成丝。
2. 将黄瓜丝、胡萝卜丝、豆皮丝、紫甘蓝丝、黑木耳丝整齐地摆放在备好的大盘中，围成一圈摆好。
3. 中间放上备好的拉皮。
4. 将蒜末倒入备好的碗中，加入生抽、陈醋、食盐、白糖。
5. 放入芝麻油、鸡粉、辣椒油，搅拌片刻，制成调味汁。
6. 将制好的调味汁浇在拉皮上，撒上香菜即可。

小提示：黑木耳可用温水泡发，这样可以缩短泡发时间。

皮蛋拌魔芋

5分钟　2人份

原料

魔芋大结280克，去皮皮蛋2个，朝天椒5克，香菜叶、蒜末、姜末、葱花各少许

调料

食盐2克，白糖3克，芝麻油、生抽、陈醋、辣椒油各5毫升

/做法/

1. 洗净的朝天椒切圈；皮蛋切小瓣儿。
2. 锅中注入清水烧开，放入魔芋大结，焯煮片刻，捞出魔芋结，沥干水分，装入盘中，周围沿盘边儿摆放上皮蛋。
3. 取一碗，倒入朝天椒圈、蒜末、姜末、葱花，加入生抽、陈醋、食盐、白糖、芝麻油、辣椒油，拌匀。
4. 放入香菜叶，制成调味汁，浇在魔芋大结上即可。